职业教育智能制造领域高素质技术技能人才培养系列教材

智能生产线数字化设计与仿真

主　编　朱秀丽　李成伟　沈正寒
副主编　林裴文　姜子重　王金刚
参　编　利海锋　陈尚金　张　卓

机械工业出版社

本书共分为7个项目，以典型的柔性制造生产线为载体，详细地介绍了数字化集成技术的发展历程，智能生产线在 MIoT.VC 场景中的设计方法，生产线工作站的虚拟搭建过程、信号配置、变量设置，以及虚拟仿真程序的编写和调试。本书内容丰富，步骤明确，图表详尽，注重实践过程，可使初学者在短时间内掌握软件的使用方法。

本书可作为高等职业院校工业机器人技术、机电一体化技术等智能制造相关专业的教材，也可作为工程技术人员的学习参考书。

为方便教学，本书植入二维码微课，配有免费电子课件、模拟试卷及答案等，凡选用本书作为授课教材的教师可登录机械工业出版社教育服务网（www.cmpedu.com），注册后免费下载电子资源，本书咨询电话：010-88379564。

图书在版编目（CIP）数据

智能生产线数字化设计与仿真 / 朱秀丽，李成伟，沈正寒主编． -- 北京：机械工业出版社，2025.3. （职业教育智能制造领域高素质技术技能人才培养系列教材）． -- ISBN 978-7-111-78113-4

Ⅰ．TP278

中国国家版本馆 CIP 数据核字第 2025GS0786 号

机械工业出版社（北京市百万庄大街22号　邮政编码100037）
策划编辑：冯睿娟　　　　　责任编辑：冯睿娟　章承林
责任校对：樊钟英　薄萌钰　　封面设计：王　旭
责任印制：单爱军
中煤（北京）印务有限公司印刷
2025年6月第1版第1次印刷
184mm×260mm · 10印张 · 240千字
标准书号：ISBN 978-7-111-78113-4
定价：45.00元

电话服务　　　　　　　　　网络服务
客服电话：010-88361066　　机 工 官 网：www.cmpbook.com
　　　　　010-88379833　　机 工 官 博：weibo.com/cmp1952
　　　　　010-68326294　　金 书 网：www.golden-book.com
封底无防伪标均为盗版　　机工教育服务网：www.cmpedu.com

前　言

随着科技的飞速发展，工业仿真技术已经成为现代工业生产中不可或缺的一部分。它通过模拟现实世界中的物理过程，为工程师提供了一个可视化平台，以便他们可以在虚拟环境中进行实验和优化设计。制造业的智能化改造、数字化转型，是我国当前和未来重点发展的数字经济领域之一，也是推动制造业高质量发展的必然途径。其中，工业软件是制造业数字化转型的核心，工业软件的自主可控事关我国数字产业发展的主动权，核心技术自主化的重要性日渐凸显。

本书采用项目式的方式进行编写，特色如下：

1. 本书内容基于真实的生产线，教学载体采用模块化的设计，集成了市面上常用智能生产线的元素。

2. 本书将数字化新技术引入教学，选择国内知名企业的数字化仿真和孪生软件（美云智数工业仿真软件），本书融入我国数字化设计软件的发展历程和未来趋势，在利于学生学习技能的同时，激发学生学习和使用国产软件的热情。数字化新技术辅助完成系统设计、工作站建模、智能生产线仿真等任务。

3. 在项目中设置工作方案，以任务分析、制定工作计划等方式作为主要教学手段，锻炼学生的组织、策划、协作能力，通过学生汇报来提升学生的表达能力，增强学生的自信。

4. 教学评价有据可依。本书教学质量量化评价包含自评、互评与师评三部分。评价结果以评价表的方式呈现，将分数进行量化，为后续的教学综合评价提供依据。

本书由朱秀丽、李成伟、沈正寒担任主编，林裴文、姜子重、王金刚担任副主编，利海锋、陈尚金、张卓参与编写。朱秀丽负责统稿和最终的校对。本书在编写过程中得到中国机械总院集团江苏分院有限公司提供的技术指导和帮助，在此表示衷心感谢。希望本书的出版能够为我国数字化技术的推广贡献一份力量。

由于编者水平有限，书中难免存在不足之处，恳请广大读者批评指正。

编　者

目 录

前言

项目 1 智能生产线数字化集成技术概述 ··· 1
任务 1.1 工业仿真技术概述 ··· 2
任务 1.2 工业仿真技术在智能生产线中的应用 ··· 10

项目 2 智能生产线设计与模型搭建 ·· 21
任务 2.1 智能生产线设计 ··· 22
任务 2.2 智能生产线模型搭建 ··· 28

项目 3 智能装配单元数字化设计与仿真 ··· 43
任务 3.1 智能装配单元模型导入 ·· 44
任务 3.2 智能装配单元编程与调试 ··· 59

项目 4 智能检测单元数字化设计与仿真 ··· 74
任务 4.1 输送线检测单元模型导入 ··· 75
任务 4.2 输送线检测单元编程与调试 ·· 86

项目 5 执行单元数字化设计与仿真 ·· 95
任务 5.1 二轴龙门取料手模型搭建 ··· 96
任务 5.2 二轴龙门取料手编程与调试 ·· 107
任务 5.3 轨式上下料机器人模型搭建 ·· 116
任务 5.4 轨式上下料机器人编程与调试 ··· 124

项目 6 智能仓储单元数字化设计与仿真 ··· 132
任务 6.1 智能仓储单元模型搭建 ·· 133
任务 6.2 智能仓储单元编程与调试 ··· 139

项目 7 智能生产线流程规划与场景拓展 ··· 144
任务 7.1 智能生产线工艺流程规划 ··· 145
任务 7.2 数字化仿真智能场景拓展 ··· 149

参考文献 ··· 156

项目 1
智能生产线数字化集成技术概述

项目概述

制造业的高质量发展离不开产业的升级和技术的创新，数字化、信息化和 AI 等技术的发展会成为未来制造业高质量发展的关键要素，这些技术将帮助越来越多的企业提升效益，加快产品技术的迭代。

工业仿真软件不仅是推动工业互联网高质量发展的主力军，同时也是支撑中国制造领先地位的关键所在。我国有哪些自主研发的工业仿真软件？工业仿真技术是如何融入制造业当中推动制造业升级？本项目主要从工业仿真技术的发展和数字化集成技术应用两个方面进行学习。通过学习完成本书项目所需的工业仿真软件的认识和应用，为后续智能生产线各个单元的模型搭建和调试做好准备。

知识图谱

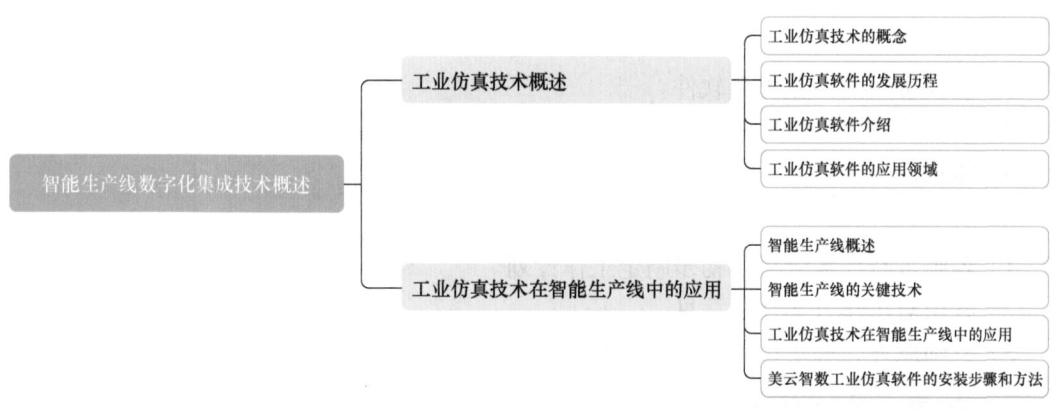

任务 1.1　工业仿真技术概述

学习目标

1. 知识目标

1）了解什么是工业仿真技术。
2）了解工业仿真技术的典型应用。

2. 技能目标

能够查阅相关书籍和网站,掌握工业仿真技术的发展状况。

3. 素养目标

1）激发学习兴趣。
2）提高理论联系实际的能力。
3）提升查阅文献资料的能力。

任务描述

学习本任务的知识内容,查阅相关书籍和网站,了解工业仿真的发展现状与应用领域,以及工业仿真软件的发展历程。

工作方案

1. 任务分析

1）查找常用的工业仿真软件。
2）分析工业仿真软件的发展历史。
3）指定任务执行的步骤。

2. 制定工作计划

1）各组进行任务分析,初步制定工作计划。
2）各组对工作方案互提意见。
3）教师点评,确定出最佳工作方案,并将工作计划填入表1-1中。

表 1-1　工作计划

步骤	工作内容	时间
1		
2		
3		

项目 1　智能生产线数字化集成技术概述

引导问题

1）什么是工业仿真软件？

_____
_____
_____

2）写出工业仿真软件的发展历程。

_____
_____
_____

3）写出几个工业仿真软件的典型应用。

_____
_____
_____
_____

任务实施

一、工业仿真技术的概念

随着科技的飞速发展，工业仿真技术已经成为现代工业生产中不可或缺的一部分。它通过模拟现实世界中的物理过程，为工程师提供了一个可视化平台，以便他们可以在虚拟环境中进行实验和优化设计。

工业仿真技术是一种数字化建模和计算的技术，它是工业产品研发、生产等过程的数字化模型，也是工业 4.0 的物理引擎。这种技术通过对实体工业中的各个模块进行数据转化，并将其整合到一个虚拟的体系中，以模拟工业作业中的每一项工作和流程，并与之实现各种交互。工业仿真软件中的智能工厂如图 1-1 所示，工业仿真技术的关键要素如下：

1）数字化建模：这是工业仿真的基础，涉及将实体工业中的模块转化为数据模型，以便在虚拟环境中进行操作和分析。

2）数值化计算：通过数学模型和算法对工业过程进行数值化模拟，这是优化设计和预测性能的重要步骤。

3）可视化表达：借助计算机图形学等手段，将仿真结果以图像的形式直观展现，帮助用户更好地理解和分析模拟对象的行为和特性。

4）全生命周期覆盖：随着技术的进步，仿真技术的应用范围已从研发设计阶段扩展到产品制造、运行甚至维护的整个生命周期中。

5）多物理场耦合：当前的技术发展正朝着实现全过程多物理场的数字化仿真迈进，包括结构力学、流体动力学、热力学等多学科领域的综合仿真。

6）风险降低与效率提高：通过使用仿真技术，企业可以在不影响实际生产的条件下测试和验证新产品或过程，从而显著降低风险并提高开发效率。

7）智能制造支撑：作为工业4.0的重要组成部分，工业仿真技术是实现智能制造的关键支持技术，有助于推动制造业的数字化转型。

综上所述，工业仿真技术是现代工业生产中不可或缺的一部分，它不仅能够提升产品设计的准确性，还可以优化生产过程，降低成本，加速产品上市速度，是实现高效、智能生产的关键技术之一。

图1-1 工业仿真软件中的智能工厂

二、工业仿真软件的发展历程

经过几十年的不懈努力，我国跃升为世界第一制造业大国，成为拥有全部工业门类的国家，制造业增加值占全球比重达到30%。但是，我国在经济效益、生产效率、创新能力、技术水平、核心技术拥有量、关键零部件生产、高端产品占比、人才数量结构、全球价值链分工地位、产品质量和知名品牌等各方面还存在问题和短板。

加快制造业的智能化改造、数字化转型，是我国当前和未来重点发展的数字经济中最具重要的领域之一，也是加快制造业高质量发展的必然要求。其中，工业软件是制造业数字化转型的核心，工业软件的自主可控事关我国数字产业发展的主动权，国产化替代势在必行。图1-2所示为中国工业软件的发展历程。

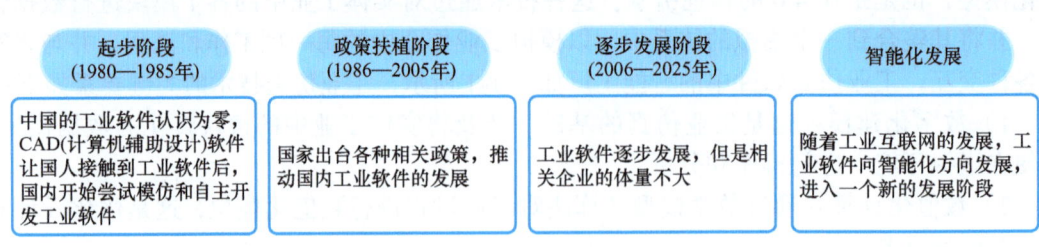

图1-2 中国工业软件的发展历程

三、工业仿真软件介绍

工业仿真软件主要是用于模拟、分析和优化工业过程和系统的计算机程序。这些软件通常被用于制造业、物流、供应链管理、服务业等领域，以帮助企业提高效率、降低成本、优化资源利用率，并改进产品质量。

项目 1　智能生产线数字化集成技术概述

1. Tecnomatix

如图 1-3 所示，Tecnomatix 是由西门子公司开发的工业数字化解决方案之一，旨在提高制造业企业的生产效率、质量和灵活性。它提供了一系列的工业仿真工具，涵盖了制造工程、工艺规划、生产线仿真、设备优化等方面。

1）工艺规划和虚拟制造：Tecnomatix 可以帮助用户进行工厂的布局规划和优化，通过虚拟制造技术进行生产流程仿真，以便提前发现和解决潜在的问题。

2）生产线仿真：Tecnomatix 提供了强大的生产线仿真工具，可以模拟和优化生产线的运行，包括物料流动、设备利用率、生产效率等方面。

3）制造工程：Tecnomatix 提供了制造工程的解决方案，包括工艺规划、工艺设计、工艺路径规划等功能，帮助用户优化制造过程并提高生产效率。

4）数字化孪生：Tecnomatix 支持数字化孪生技术，可以将实际生产环境与虚拟模型进行实时同步，实现实时监控、仿真分析和优化决策。

5）自动化系统仿真：Tecnomatix 提供了自动化系统仿真工具，可以模拟和优化自动化生产线、机器人系统等，以提高自动化系统的效率和灵活性。

图 1-3　Tecnomatix 工业仿真软件

2. DELMIA

如图 1-4 所示，DELMIA 是 Dassault Systemes 公司的产品系列之一，提供了制造工程和生产仿真的解决方案，涵盖了生产过程的各个方面。

图 1-4　DELMIA 工业仿真软件

1）制造工程：DELMIA 提供了制造工程的解决方案，包括工艺规划、工艺设计、工艺路径规划等功能，帮助企业优化制造流程、提高生产效率。

2）数字化工厂：DELMIA 提供了数字化工厂的解决方案，可以帮助企业建立数字化工厂模型，模拟生产流程、设备布局、物料流动等，以便进行生产线的优化和规划。

3）生产调度和优化：DELMIA 提供了生产调度和优化的功能，可以帮助企业进行生产计划和调度，优化生产资源的利用，提高生产效率。

4）制造执行系统（MES）：DELMIA 提供了制造执行系统的解决方案，可以帮助企业实现生产过程的实时监控、数据采集和分析，以支持生产决策和持续改进。

5）智能制造和物联网（IoT）：DELMIA 与物联网技术集成，可以实现设备和生产线的智能连接，实现实时监控和远程管理，提高生产效率和灵活性。

6）虚拟现实和增强现实：DELMIA 支持虚拟现实和增强现实技术，可以帮助企业进行工艺培训、设备维护等，提高生产操作的效率和安全性。

3. Simul8

如图 1-5 所示，Simul8 是一款基于模拟的工业仿真软件，Simul8 在多个行业中都有广泛的应用，尤其是在汽车行业、食品制造、生产物流、供应链管理、医疗医院系统和呼叫中心等领域。

1）生产流程模拟：Simul8 可以模拟制造、装配、分销等各种生产流程，帮助用户了解生产线上的瓶颈和优化机会。

2）供应链优化：用户可以使用 Simul8 模拟供应链中的各个环节，从原材料采购到最终产品交付，以优化库存管理、交货时间等方面。

3）服务业模拟：Simul8 可用于模拟服务行业中的各种业务流程，如医疗保健、银行、酒店管理等，帮助提高效率和服务质量。

4）物流与运输：用户可以利用 Simul8 来模拟物流和运输网络，优化货物配送路线、车辆利用率等。

5）项目管理：Simul8 可用于模拟项目管理流程，帮助项目团队识别潜在风险、优化资源分配等。

6）决策支持：通过模拟不同决策方案的结果，Simul8 可以为管理者提供决策支持，帮助其做出更明智的选择。

4. AnyLogic

如图 1-6 所示，AnyLogic 是一款多方法仿真软件，可以通过离散事件、连续时间和混合方法来建模和仿真各种复杂系统，包括制造、物流、运输等。

1）连续系统仿真：用于模拟连续过程、流程和系统，如生产线、物流网络、交通流等。

2）离散事件仿真：适用于模拟离散事件系统，如制造厂的订单流、服务系统中的顾客排队等。

3）混合仿真：结合连续系统仿真和离散事件仿真，可以更全面地模拟复杂系统，例如生产与物流系统的集成。

项目 1　智能生产线数字化集成技术概述

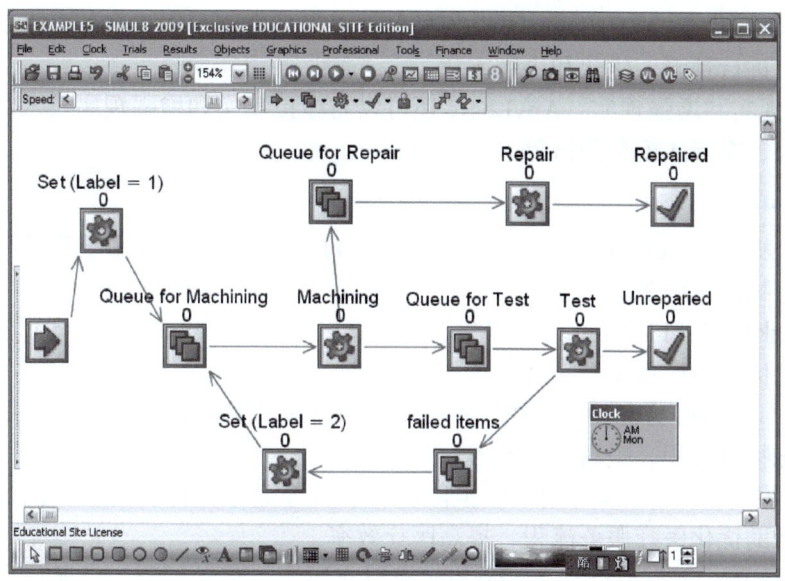

图 1-5　Simul8 工业仿真软件

图 1-6　AnyLogic 工业仿真软件

4）代理基础仿真：用于建模和模拟个体行为，如市场中的消费者决策、交通中的驾驶员行为等。

5）系统动力学：用于分析系统的动态行为和反馈机制，包括建模和模拟复杂的非线性系统。

7

6）机器学习集成：AnyLogic 可以与机器学习工具集成，用于在仿真模型中应用数据驱动的方法，进行预测、优化和决策支持。

7）虚拟现实和增强现实：AnyLogic 还可以与虚拟现实和增强现实技术结合，用于可视化仿真结果、交互式模型测试等。

5. FlexSim

如图 1-7 所示，FlexSim 是一款强大的离散事件仿真软件，可用于建模和仿真制造工厂、供应链、物流系统等。

1）制造业仿真：FlexSim 可用于模拟制造流程，包括装配线、生产工艺、物料处理等，帮助用户优化生产效率、降低成本。

2）物流与供应链仿真：用户可以利用 FlexSim 模拟物流网络、仓储系统、供应链管理等，以优化物流流程、提高配送效率。

3）医疗仿真：FlexSim 可用于模拟医院、诊所等医疗机构的流程，包括患者流、资源分配等，帮助优化医疗服务流程、提高医疗效率。

4）交通仿真：用户可以利用 FlexSim 模拟交通流、车辆行驶、交通信号等，帮助评估交通系统的性能、提高交通运输效率。

5）服务业仿真：FlexSim 可用于模拟各种服务行业的流程，如银行、酒店、商店等，帮助优化服务流程、提高服务质量。

6）设施规划和布局优化：FlexSim 可用于模拟不同设施布局方案的效果，以确定最佳的布局配置，提高生产效率和流程效率。

7）决策支持：通过建立仿真模型，FlexSim 可以帮助管理者评估不同决策方案的影响，提供决策支持，帮助做出更明智的决策。

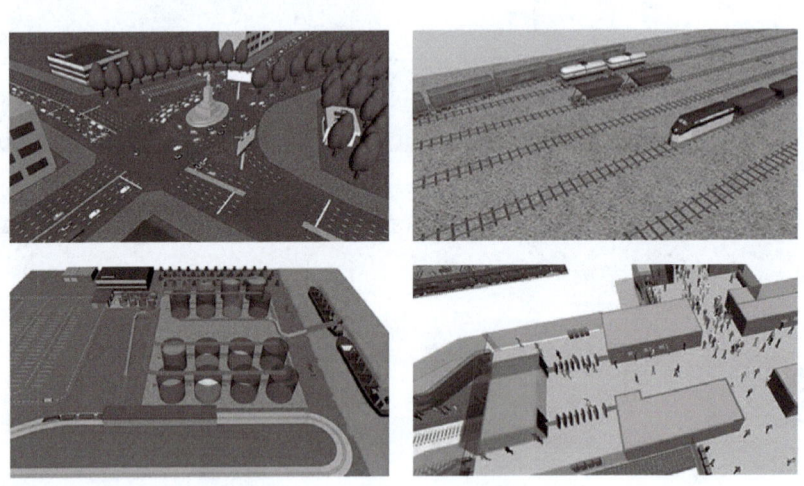

图 1-7　FlexSim 工业仿真软件

6. 美云智数工业仿真软件

如图 1-8 所示，美云智数工业仿真软件提供了先进的 3D 仿真功能，用于模拟制造工厂和自动化系统。

1）专业设计：该软件专为制造行业专业人士设计，基于一个功能强大、灵活且可扩展的平台构建。

2）系统集成：它集合了 3D 工艺管理系统、汽车数字孪生、装备制造工业仿真等多个功能，是一个综合性的数字化工业仿真平台。

3）虚拟工厂：通过搭建 1∶1 比例的虚拟工厂，实现真实工厂工作场景的模拟，以避免在施工建设过程中的资源浪费，并优化空间利用。

4）实时数据接收：作为大数据实时接收平台，它考量工业互联网的运营效率和人工智能的实际操作能力，确保生产环节数据的实时共享和问题即时解决。

图 1-8　美云智数工业仿真软件

四、工业仿真软件的应用领域

工业仿真软件在各个领域都有着广泛的应用，以下是其中一些典型的应用场景：

1）制造过程仿真：工业仿真软件可以用于模拟和优化制造过程，包括装配线、生产流程和物流管理。通过仿真，可以评估不同生产策略的效果，减少生产时间、成本和资源浪费。

2）物流与供应链优化：仿真软件可以模拟复杂的物流网络和供应链系统，帮助企业优化库存管理、订单处理、运输路线规划等，提高物流效率和降低成本。

3）设备和工厂布局规划：在设计新工厂或对现有工厂进行改进时，工业仿真软件可以用于模拟不同的工厂布局和设备安排，以优化生产流程、最大限度地利用空间，并确保生产线的高效运作。

4）生产过程优化：仿真软件可以帮助企业优化生产过程，包括生产调度、生产容量规划、原材料利用率等方面，以提高生产效率、降低成本，并确保产品质量。

5）人员培训与安全培训：通过仿真软件，可以模拟各种工作场景和操作流程，为员工提供安全培训和操作技能培训，降低事故风险，提高工作效率。

6）产品设计与测试：在产品设计阶段，工业仿真软件可以用于模拟产品的性能、可靠性和耐用性，帮助设计团队优化产品设计并预测产品的行为。同时，还可以用于测试不同设计方案的效果，并提供反馈以进行改进。

7）维护与保养策略：仿真软件可以模拟设备和机器的运行情况，帮助企业制定更有效的维护和保养策略，延长设备的使用寿命，降低故障率，减少停机时间。

评价反馈

在任务完成后需对学生的实施情况进行评价,包括自评、互评和师评三方面,评价表见表 1-2。

表 1-2 评价表

类别	评价内容	分值	评价分数		
			自评	互评	师评
理论	了解工业仿真软件的发展现状与态势分析	30			
	了解工业仿真软件产品	30			
	了解工业仿真软件的典型应用	30			
素养	积极参与教学活动,按时完成任务	2			
	理论联系实际的能力	2			
	查阅文献资料的能力	2			
	团队合作能力	2			
	总结与分析能力	2			

任务 1.2　工业仿真技术在智能生产线中的应用

学习目标

1. 知识目标

1)了解什么是智能生产线。
2)了解工业仿真技术在智能生产线中的典型应用。

2. 技能目标

能够正确安装工业仿真软件。

3. 素养目标

1)激发学习工业仿真软件的兴趣。
2)提高动手能力。
3)提升对新技术的理解力。

任务描述

学习本任务的知识内容,查阅相关书籍和网站,了解智能生产线的基本组成,包括传感器、执行器、控制系统、机器人、物流系统等,了解各个组成部分的作用和相互关系。接下来,需要深入了解工业仿真技术在智能生产线设计和优化中的应用,工业仿真技术可以模拟整个生产过程,帮助工程师们在实际投产之前进行验证和调整,提高生产效率和质量。最后,需要学会安装工业仿真软件,包括下载软件安装包、解压文件、运行安装程序、按照提示完成安装等步骤。学生还需要了解如何注册软件、激活许可证等相关操作。

 工作方案

1. 任务分析

1)了解智能生产线的组成。
2)了解工业仿真技术在智能生产线中的应用。
3)掌握工业仿真软件的安装步骤和方法。

2. 制定工作计划

1)各组进行任务分析,初步制定工作方案。
2)各组对工作方案互提意见。
3)教师点评,确定出最佳工作方案,并将工作计划填入表 1-3 中。

表 1-3 工作计划

步骤	工作内容	时间
1		
2		
3		

引导问题

1)什么是智能生产线?
_____
_____
_____
_____

2)写出智能生产线的关键技术。
_____
_____
_____
_____

3)写出工业仿真技术在智能生产线中的应用。
_____
_____
_____
_____

一、智能生产线概述

智能生产线是指利用先进的信息技术、自动化技术和智能化技术，对传统的生产流程和生产线进行升级和优化，以实现生产过程的智能化、柔性化和高效化。智能生产线将物联网、人工智能、大数据分析、机器人技术等前沿技术融入生产过程中，通过实时数据采集、分析和反馈，使生产过程能够更加智能、灵活和可控。图 1-9 所示为智能生产线总体图。

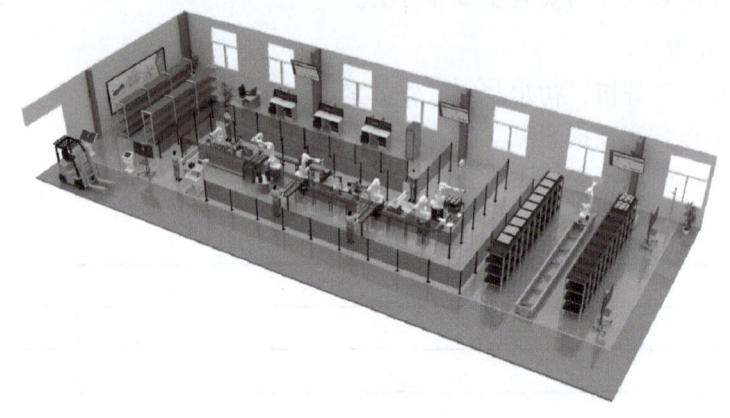

图 1-9　智能生产线总体图

智能生产线的概念具有以下几个关键特点：

1）自动化：智能生产线采用自动化设备和系统，能够自主完成生产任务，减少人工干预，提高生产效率和产品质量。

2）柔性化：智能生产线具有较强的柔性生产能力，能够根据不同的生产需求和订单进行灵活调整和转换，快速适应市场变化。

3）数字化：智能生产线实现了生产过程的数字化管理和控制，通过传感器、监控系统和信息技术实现生产数据的实时采集、传输和分析，为决策提供科学依据。

4）智能化：智能生产线利用人工智能、机器学习等技术，对生产过程进行智能优化和控制，实现自主诊断、预测和调整，提高生产效率和灵活性。

5）网络化：智能生产线通过物联网技术实现设备之间的互联互通以及生产过程的信息共享和协同，提高生产资源的利用效率和生产协同能力。

智能生产线将先进的信息技术与传统制造业相结合，实现生产过程的智能化和自动化，是实现工业制造转型升级的重要手段之一。

二、智能生产线的关键技术

智能生产线基于工业机器人技术、视觉检测技术、传感器技术、智能控制技术以及 RFID（射频识别）技术等，集成了多种控制系统和自动化设备，可以实现产品多样化定制、批量生产。智能生产线涵盖以下关键技术：

1)自动化和机器人技术：利用自动化和机器人技术，实现生产过程的自动化和无人化，减少人力成本，提高生产效率和产品一致性。图 1-10 所示为生产线中正在作业的机器人。

图 1-10　生产线中正在作业的机器人

2）物联网技术：如图 1-11 所示，通过物联网技术，将生产线上的各种设备、传感器和系统连接到互联网，实现设备之间的信息共享和数据交换，实现生产过程的实时监测、远程控制和优化管理。

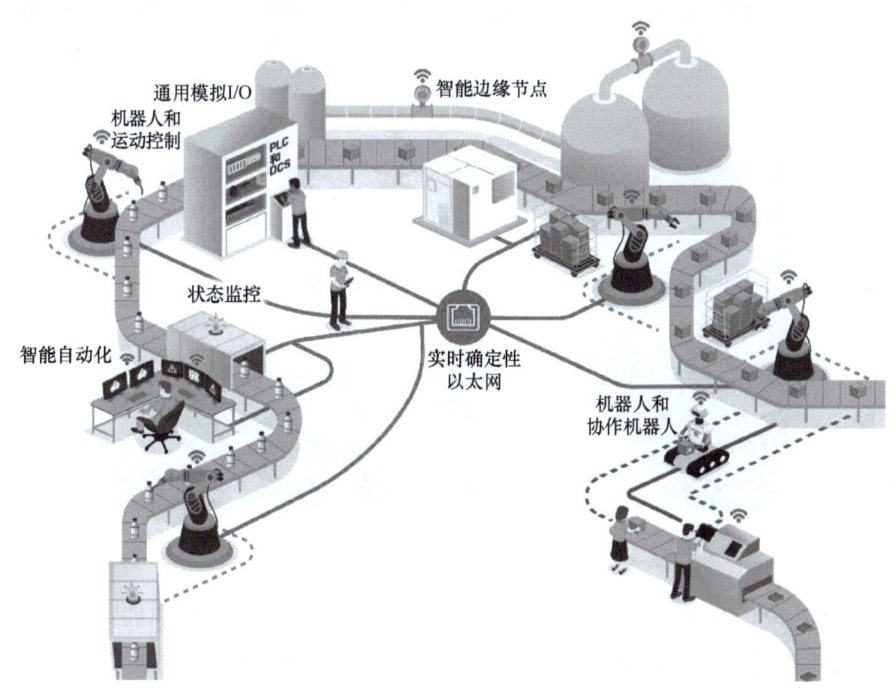

图 1-11　工业物联网技术

3）大数据分析：如图 1-12 所示，利用大数据分析技术，对生产过程中产生的大量数据进行实时分析和处理，挖掘数据中的有价值信息，优化生产过程、预测设备故障和改进产品质量。

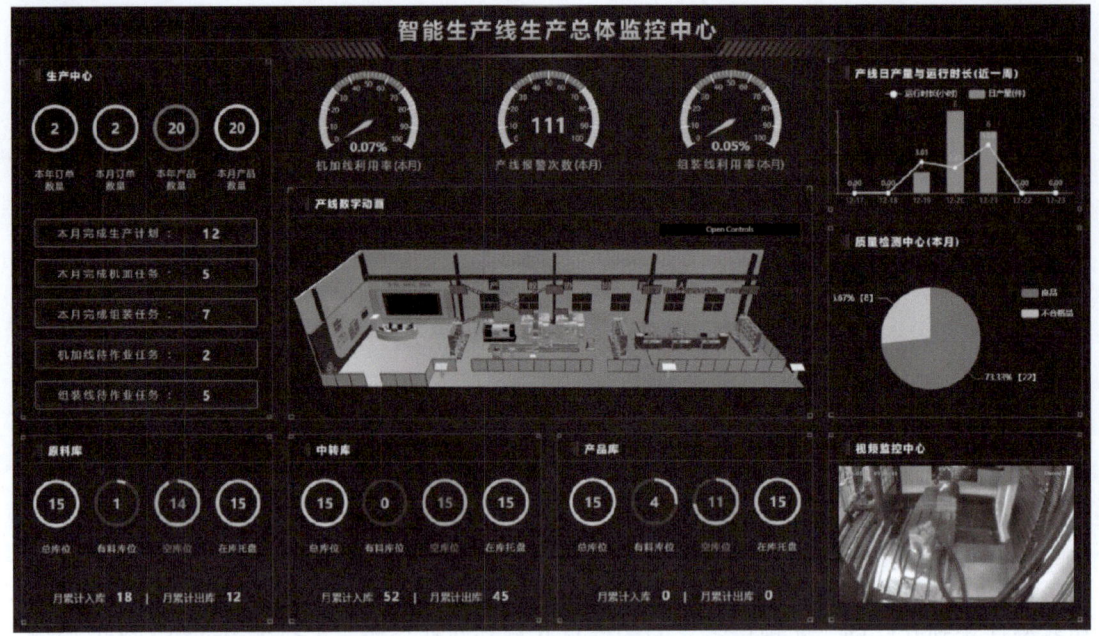

图 1-12　智能生产线大数据处理中心

4）人工智能（AI）和机器学习技术：通过人工智能和机器学习技术，实现对生产数据的智能分析和预测，优化生产计划、调度和控制策略，提高生产效率和质量。图 1-13 所示为人工智能技术。

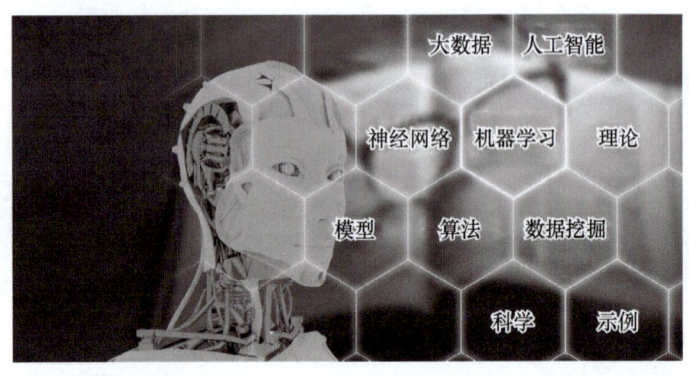

图 1-13　人工智能技术

5）传感器技术：各种类型的传感器，包括温度传感器、压力传感器、光学传感器等，用于实时监测生产过程中的各种参数和状态，为智能控制系统提供数据支持。

6）云计算和边缘计算技术：通过云计算和边缘计算技术，实现对生产数据的存储、处理和分析，以及对智能生产线的远程监控和管理。

7）虚拟现实（VR）和增强现实（AR）技术：图 1-14 所示的生产线漫游中利用虚拟现实和增强现实技术，实现对生产过程的仿真和可视化，帮助操作人员更好地理解和控制生产过程。

项目 1　智能生产线数字化集成技术概述

图 1-14　生产线漫游

8）智能控制技术：采用自适应控制技术，使智能生产线能够根据实时变化的生产需求和环境条件，自动调整生产参数和控制策略，实现生产过程的灵活性和适应性。图 1-15 所示为智能控制系统架构图。

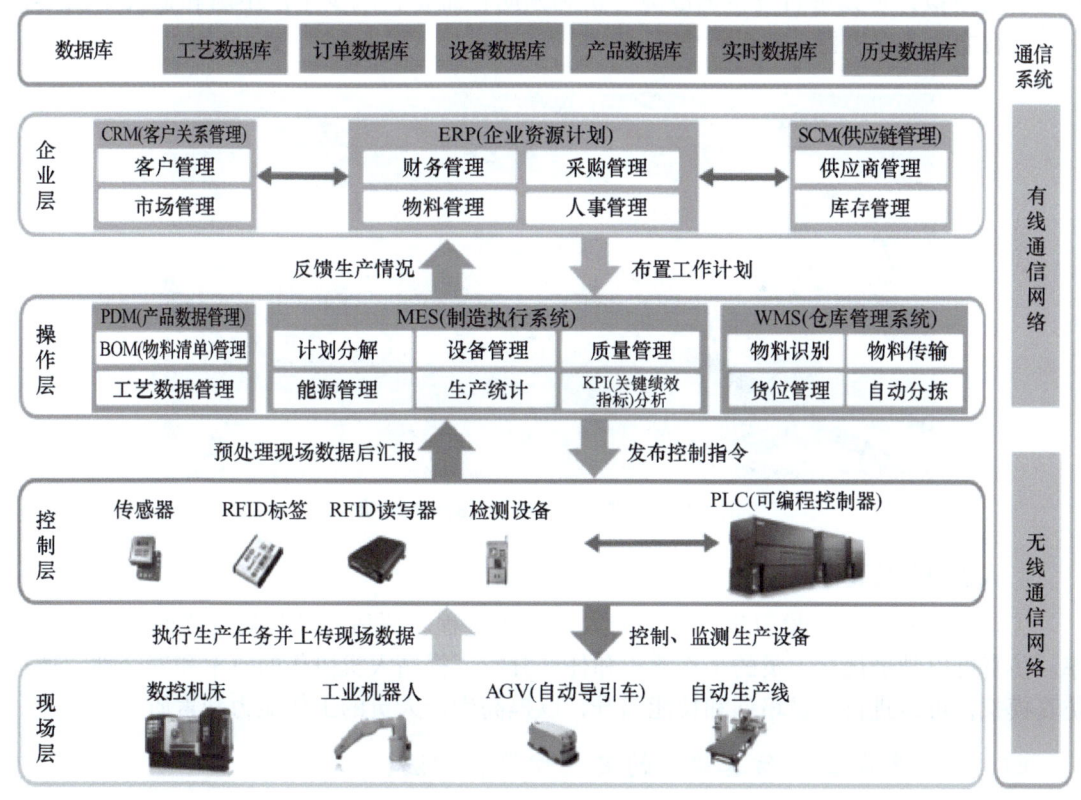

图 1-15　智能控制系统架构图

三、工业仿真技术在智能生产线中的应用

在智能生产线中，工业仿真技术的应用涵盖了生产计划与调度仿真、工艺流程仿真、设备运行仿真以及人机协作仿真等方面。下面将分别介绍这些方面的应用。

1. 生产计划与调度仿真

利用工业仿真技术，可以对生产计划和调度进行仿真模拟，评估不同的生产计划和调度方案的效果。仿真可以帮助确定最佳的生产排程，优化生产资源的利用率，提高生产效率。通过仿真模拟，可以考虑各种因素对生产计划和调度的影响，如订单变化、设备故障等，以提前制定应对策略。

2. 工艺流程仿真

工业仿真技术可以对生产过程中的工艺流程进行仿真模拟，评估不同工艺方案的效果和优劣。仿真可以帮助设计工程师优化工艺流程，提高生产线的吞吐量和质量，降低生产成本。通过仿真模拟，可以发现潜在的生产瓶颈和问题，并提前采取措施进行优化。

3. 设备运行仿真

利用工业仿真技术，可以对生产设备的运行状态进行仿真模拟，评估设备的性能和稳定性。仿真可以帮助设备管理人员制定最佳的设备运行策略，提高设备的利用率和效率。通过仿真模拟，可以进行设备的故障分析和预防性维护，减少生产中断和损失。图 1-16 所示为智能生产线机器人的运行仿真。

图 1-16　智能生产线机器人的运行仿真

4. 人机协作仿真

工业仿真技术可以模拟生产现场的人机协作过程，评估人员与设备之间的配合和效率。仿真可以帮助优化人员的工作流程和任务分配，提高人机协作的效率和安全性。通过仿真模拟，可以进行人员培训和技能提升，以提高生产人员的工作能力和素质。

四、美云智数工业仿真软件的安装步骤和方法

1. 下载软件

软件下载界面如图 1-17 所示。

项目 1　智能生产线数字化集成技术概述

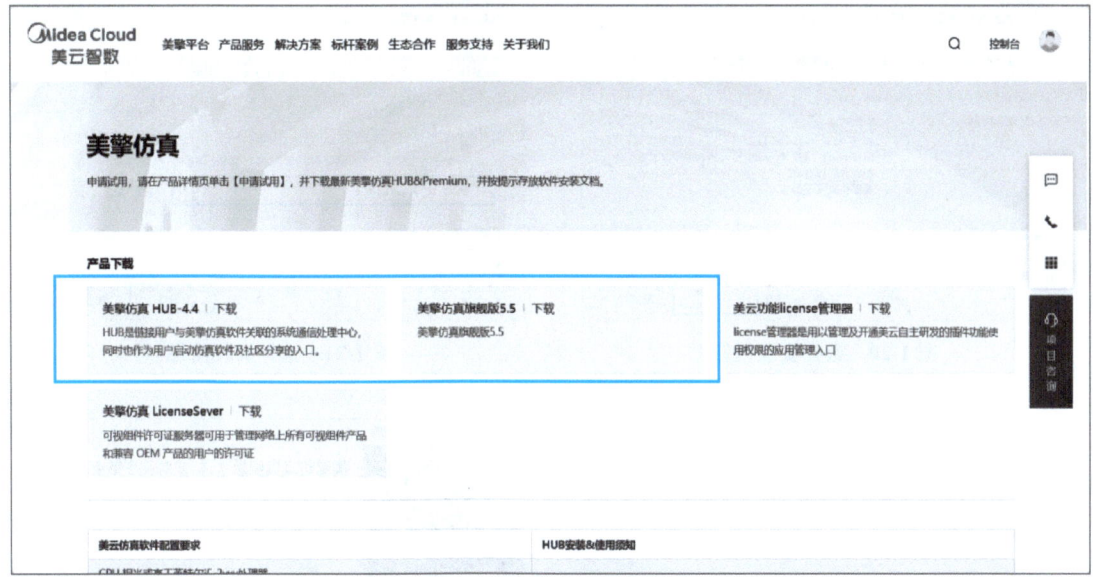

图 1-17　软件下载界面

2. 安装软件

软件安装过程如图 1-18～图 1-23 所示。

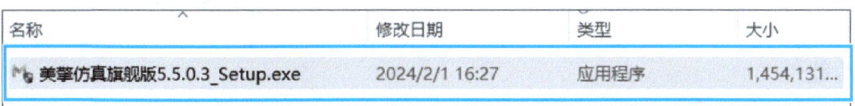

图 1-18　双击安装包文件

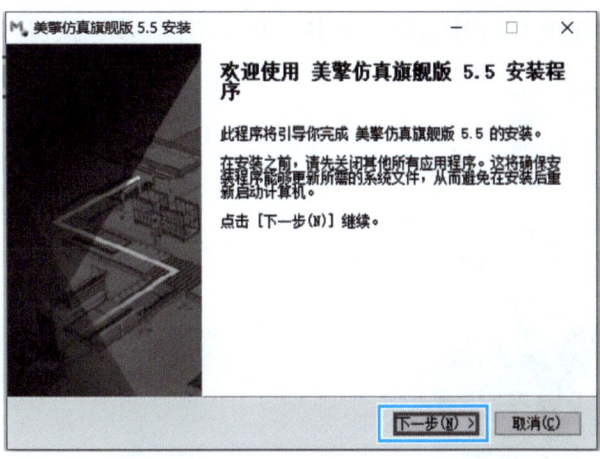

图 1-19　MIoT.VC 软件安装界面

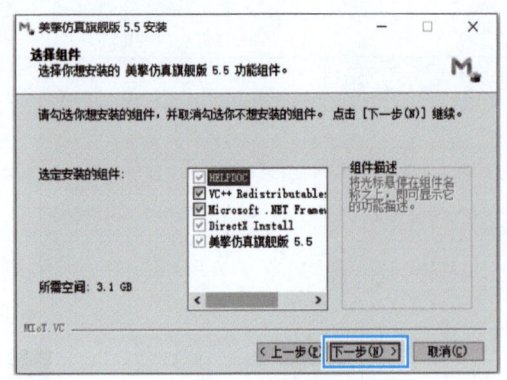

图 1-20　选择安装组件

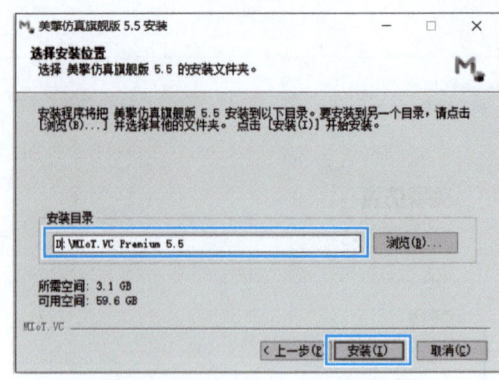

图 1-21　选择安装路径

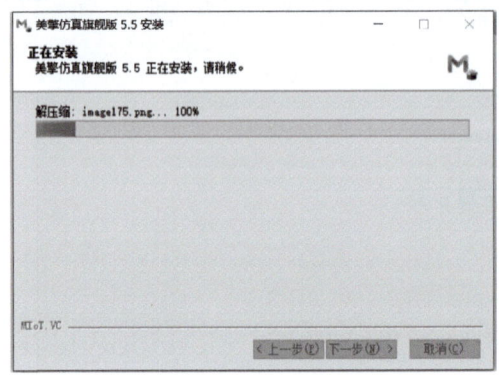

图 1-22　MIoT.VC 软件安装中

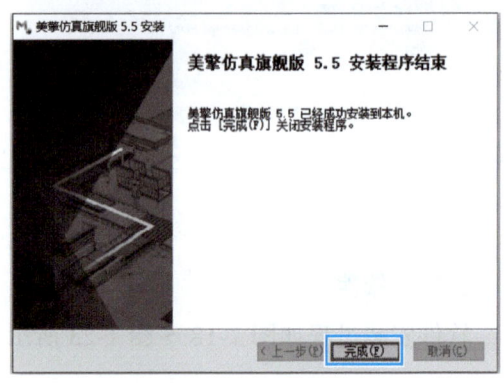

图 1-23　软件安装完毕

3. 激活软件

首次运行 MIoT.VC 软件时，需要提供一个独立许可证或者浮动许可证服务器的地址。

（1）独立许可证　独立许可证是一个 16 位数的产品密钥，该密钥在使用之前必须经过联网验证并激活，在图 1-24 所示对话框中，单击"下一步"按钮。

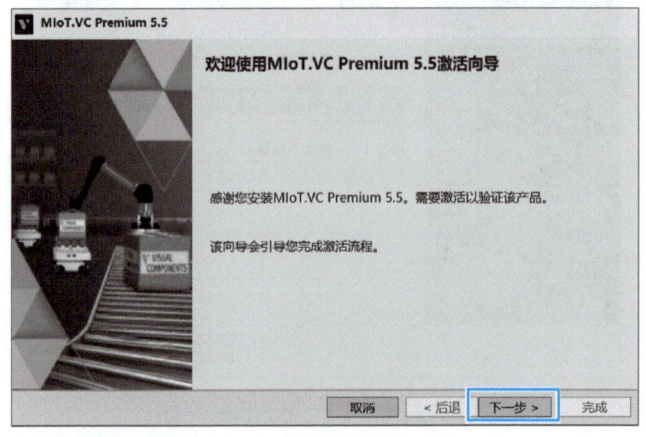

图 1-24　激活向导

项目1　智能生产线数字化集成技术概述

在"许可证类别"对话框中，选择"我拥有一个独立产品密钥"，然后单击"下一步"按钮，如图1-25所示。

在"许可证类别"对话框中，输入16位数的产品密钥后单击"完成"按钮，如图1-26所示。

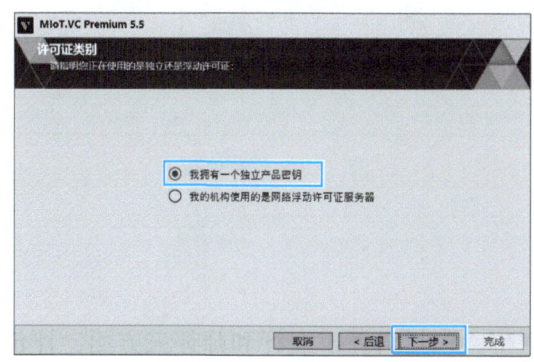

图1-25　"许可证类别"对话框

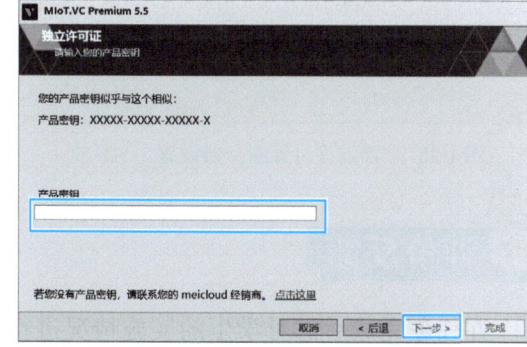

图1-26　输入"产品密钥"

（2）浮动许可证　浮动许可证是一个16位数的产品密钥，该密钥在使用之前由服务器管理员在网络浮动许可证服务器上验证并激活，用户需要先连接到本地网络许可证服务器，并具有用户权限才可以使用软件。

在"许可证类别"对话框中，选择"我的机构使用的是网络浮动许可证服务器"，然后单击"下一步"按钮，如图1-27所示。

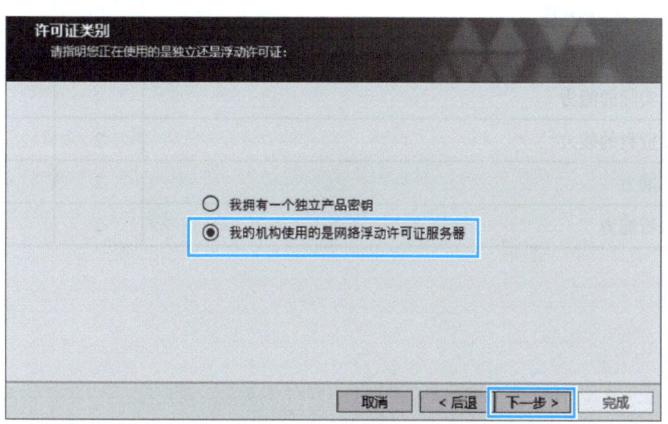

图1-27　"许可证类别"对话框

在"浮动许可证服务器设置"对话框中，输入机构的本地许可证服务器主机名或者IP地址和端口号，然后单击"下一步"按钮，如图1-28所示，等待连接如图1-29所示，直至激活完成。

智能生产线数字化设计与仿真

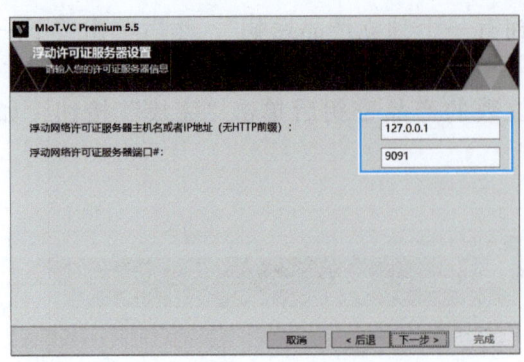

图 1-28 "浮动许可证服务器设置"对话框

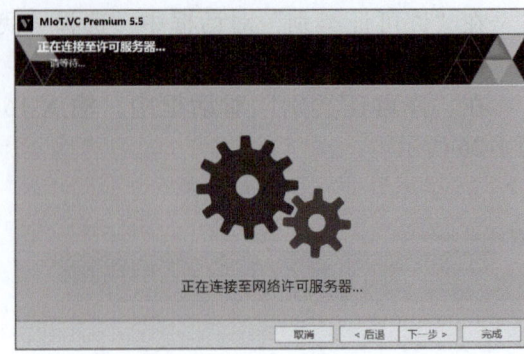

图 1-29 等待连接

在任务完成后需对学生的实施情况进行评价,包括自评、互评和师评三方面,评价表见表 1-4。

表 1-4 评价表

类别	评价内容	分值	评价分数		
			自评	互评	师评
理论	了解智能生产线的组成	30			
	了解智能生产线的核心技术	20			
	了解工业仿真在生产线中的典型应用	20			
技能	能够安装工业仿真软件	20			
素养	积极参与教学活动,按时完成任务	2			
	理论联系实际的能力	2			
	查阅文献资料的能力	2			
	团队合作能力	2			
	总结与分析能力	2			

项目 2
智能生产线设计与模型搭建

项目概述

智能生产线设计是一个涉及高度自动化和智能化生产过程的复杂系统工程。它不仅包括传统的生产设备和流程，还融入了先进的技术，如物联网、大数据分析、云计算等，以实现高效率和高质量的生产目标。本项目从智能生产线的组成、设计流程和工艺流程设计入手，描述了在工业仿真软件中智能生产线工作站模型的搭建过程和步骤。

知识图谱

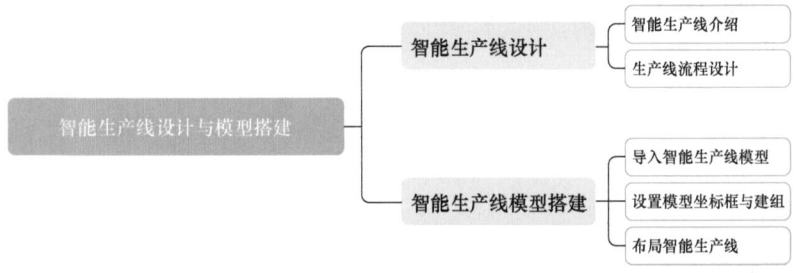

任务 2.1 智能生产线设计

学习目标

1. 知识目标

1）了解智能生产线的组成。
2）了解智能生产线的工艺流程。
3）了解智能生产线的设计流程。

2. 技能目标

能够绘制智能生产线的工艺流程图。

3. 素养目标

1）养成科学的材料整理习惯。
2）养成耐心细致的工作习惯。
3）养成良好的绘图习惯。

任务描述

了解产品的工艺工序和产品制造过程；完成智能生产线功能描述，即明确智能生产线所需实现的功能和目标；掌握绘制工艺流程图的方法，以图形化的方式展现产品的生产流程和各工序之间的关系。

工作方案

1. 任务分析

1）了解产品的工艺工序。
2）完成智能生产线功能描述。
3）绘制工艺流程图。

2. 制定工作计划

根据任务分析，制定出工作计划并填入表 2-1 中。

表 2-1 工作计划

步骤	工作内容	时间
1		
2		
3		
4		

项目 2　智能生产线设计与模型搭建

引导问题

1）本任务所设计的智能生产线平台由哪几个单元构成？
_____
_____
_____
_____

2）智能生产线的设计流程是什么？
_____
_____
_____
_____

3）写出绘制智能生产线流程图的步骤。
_____
_____
_____
_____

任务实施

一、智能生产线介绍

（一）智能生产线简介

本任务的智能生产线是一个基于汽车制造行业中常用锻造件生产和检测的生产线，传统的生产线不能满足产品的快速更新迭代，无法实现柔性化的生产。随着数字化技术的融入，智能生产线采用模块化的设计理念，能够快速实现新产品的迭代生产。智能生产线将装配检测、物料传输、工业网络三个系统深度融合与高度集成，在生产自动化的基础上实现物料流和信息流的自动化、数字化与智能化，是典型的信息技术与制造技术的深度融合。

（二）美云智数工业仿真软件

MIoT.VC 软件是美的集团在整合库卡在工业 4.0 的深厚底蕴和美的在长期制造生产中积累的深厚经验中，重磅打造出的具有自主知识产权的仿真软件平台。MIoT.VC 软件集 3D 工艺仿真、装配仿真、人机协作、物流仿真、机器人仿真、虚拟调试、数字孪生工厂等功能于一体，可应用于新建工厂的生产线布局设计、物流规划、价值流分析；工厂生产效率提升、精益改善；新产品研发端的可制造性分析、工艺设计、装配仿真；自动化虚拟调试、机器人轨迹规划及示教等使用场景。

二、生产线流程设计

（一）智能生产线的组成

本任务的生产线设计集成了工业机器人（执行单元）、智能仓储、智能装配、智能检测等模块，利用物联网、工业以太网实现信息互联，完成产品的仓库取料、测量称重、不良品分拣入位等工业生产工艺环节的模拟应用。智能生产线平台如图 2-1 所示。

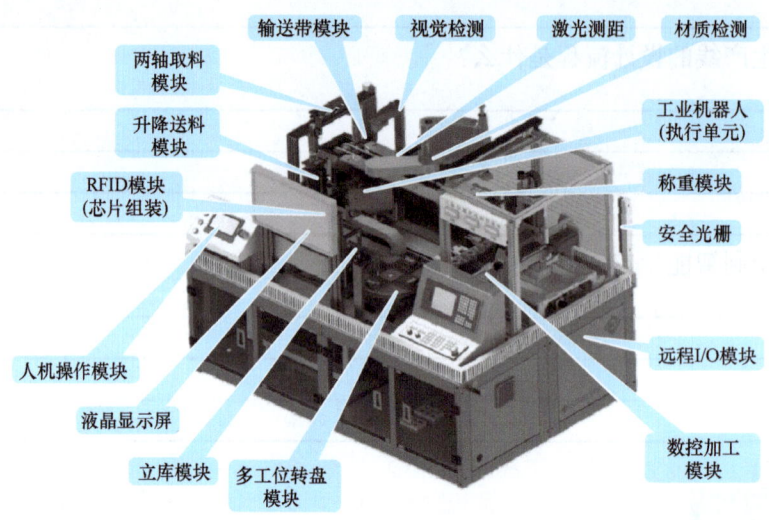

图 2-1　智能生产线平台

1. 智能仓储区

智能仓储区分为立体仓库区和转盘暂存区，如图 2-2 所示。立体仓库区一共设有 6 个仓储工位，在每个工位上都安装了光电传感器，用于检测工位有无物料。转盘暂存区共有 4 个工位，其中一个工位安装了光电传感器，用于机器人取放料的检测；一个工位安装了冲压机构，用于检测产品结果的标记；另外两个为预留工位。

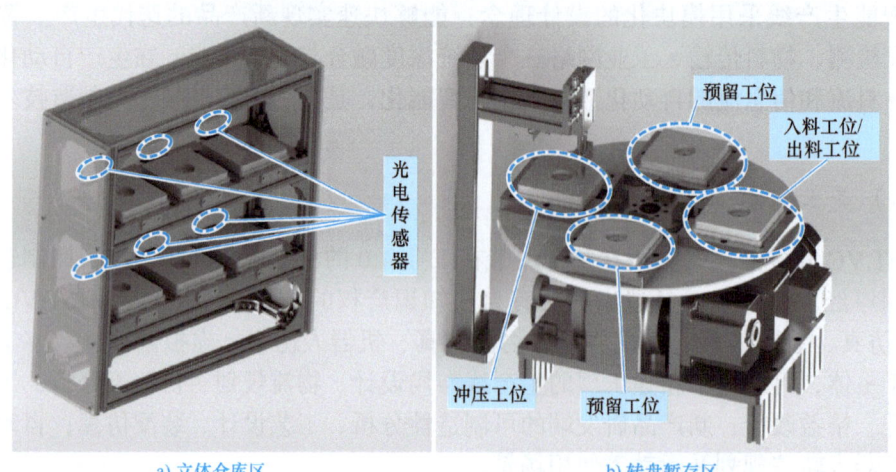

a) 立体仓库区　　　　　　　　　　b) 转盘暂存区

图 2-2　智能仓储区

2. 智能装配区

如图 2-3 所示，智能装配区用于完成 RFID 芯片单元的组装、压合及芯片信息的读取。RFID 能够实现产品在组装检测过程中信息的传递。

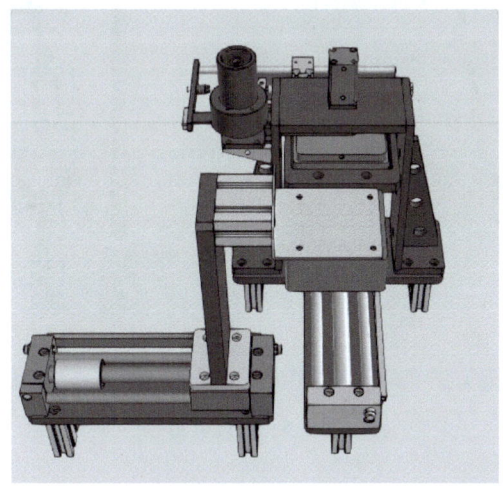

图 2-3　智能装配区

3. 智能检测区

智能检测区主要用于对产品颜色、厚度以及材质进行检测，如图 2-4 所示。

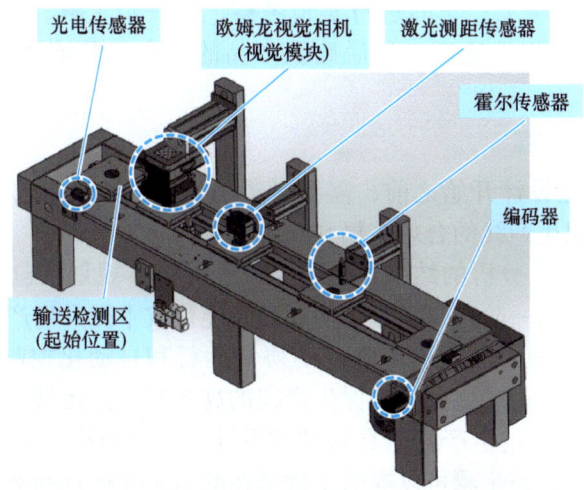

图 2-4　智能检测区

4. 执行单元

如图 2-5 所示，执行单元由轨式上下料机器人单元和二轴取料手机器人单元组成，执行单元主要用于完成产品的上下料。

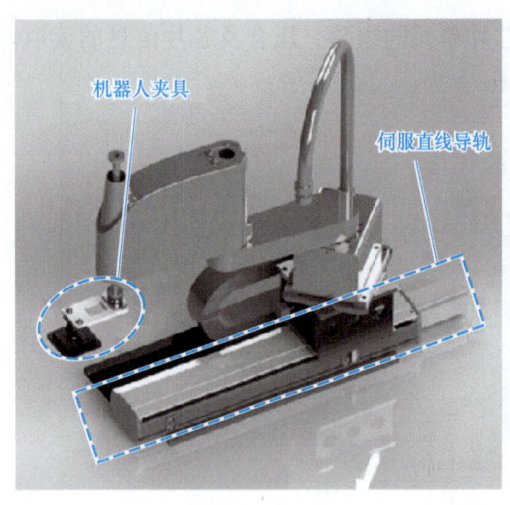
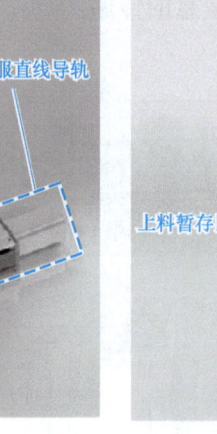
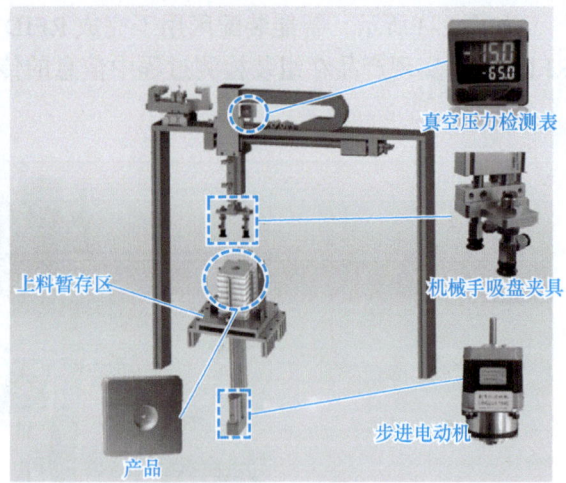

a) 轨式上下料机器人　　　　　　　　b) 二轴取料手机器人

图 2-5　执行单元

（二）智能生产线设计

1. 生产工艺流程设计

产品的生产工序关系到智能生产线的方方面面。根据客户提供的产品图样、产品工艺、现场情况以及客户需求，了解产品的精度要求、产量要求、生产节拍、工艺需求、现场环境等信息，并到现场工厂车间进行实地考察，进一步了解、交流、核实具体情况，进行项目可行性及可操作性论证，最后确认产品的生产工艺流程。生产工艺流程图如图 2-6 所示。

2. 智能生产线设计流程

（1）需求分析　在设计开始之前，需要对产品特性、产量需求、设备资源等因素进行全面的分析，以确保生产线的合理布局和设备配置。

（2）规划　基于需求分析的结果，进行生产线的整体规划，包括确定生产流程、设备选择、空间布局等。这一阶段要考虑如何通过智能化技术提升生产效率和产品质量。

（3）设计　设计阶段要注重设备之间的协调运行和自动化控制系统的应用。同时，要保证安全防护和能源利用的优化，确保生产线的高效和安全运行。

（4）仿真与验证　通过生产线仿真软件对设计方案进行模拟运行，验证生产线的性能是否满足预期目标。这一步骤可以提前发现潜在的问题并进行调整，减少实际运行中的风险和成本。

（5）调试　在实际环境中对生产线进行调试，确保各个系统和设备能够正常协同工作，达到设计要求的性能指标。

（6）集成与优化　将生产线与现有的制造执行系统、仓库管理系统（WMS）等进行集成，实现信息的无缝对接和流程的优化。

项目 2　智能生产线设计与模型搭建

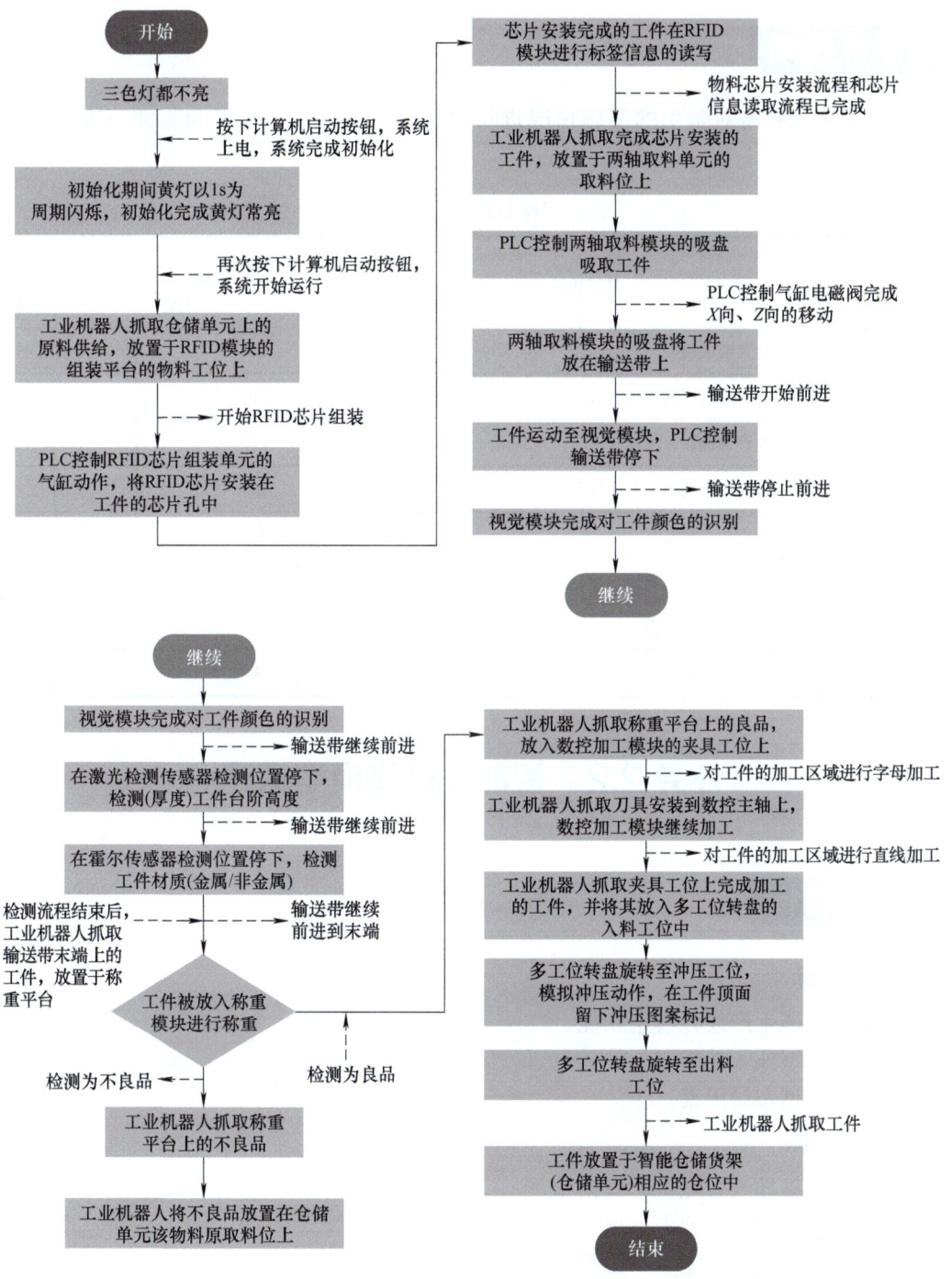

图 2-6　生产工艺流程图

（7）生产运营　在生产线正式投入运营后，持续监控生产过程，收集数据进行分析，以便进一步优化生产线的性能和效率。

（8）维护与升级　定期对生产线进行维护，确保设备的稳定运行，并根据技术进步和市场需求进行必要的升级改造。

评价反馈

在任务完成后需对学生的实施情况进行评价,包括自评、互评和师评三方面,评价表见表 2-2。

表 2-2 评价表

类别	评价内容	分值	评价分数		
			自评	互评	师评
理论	了解智能生产线的组成	10			
	了解智能生产线的工艺流程	20			
	了解智能生产线的设计流程	20			
技能	能够绘制智能生产线的工艺流程图	20			
	能够撰写智能生产线方案	20			
素养	养成科学的材料整理习惯	4			
	养成耐心细致的工作习惯	3			
	养成良好的绘图习惯	3			

任务 2.2　智能生产线模型搭建

学习目标

1. 知识目标

1)了解智能生产线各模型功能。
2)了解模型导入功能。
3)了解模型布局因素。

2. 技能目标

1)能够正确导入智能生产线模型。
2)能够正确设置模型坐标框。
3)能够正确完成智能生产线模型布局。

3. 素养目标

1)培养一丝不苟的工作作风。
2)培养团结协作精神。
3)养成努力践行严谨工作的习惯。

项目 2　智能生产线设计与模型搭建

任务描述

掌握智能生产线模型搭建的关键知识和技能，包括了解不同智能生产线模型的功能、学习模型导入方法、探讨模型布局因素，并通过正确导入智能生产线模型、设置模型坐标框和完成智能生产线模型布局，为后续的仿真和优化提供基础。

工作方案

1. 任务分析

1）导入智能生产线模型。
2）设置模型坐标框。
3）完成智能生产线模型布局。
智能生产线组成单元如图 2-7 所示。

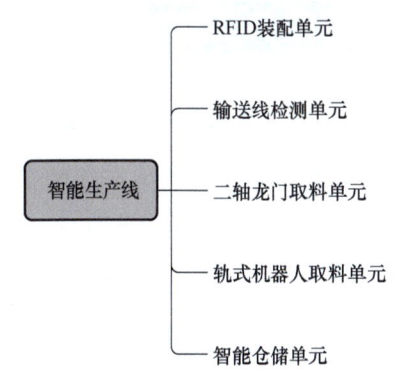

图 2-7　智能生产线组成单元

2. 制定工作计划

根据任务分析，制定出工作计划并填入表 2-3 中。

表 2-3　工作计划

步骤	工作内容	时间
1		
2		
3		
4		

引导问题

1）简述智能生产线各模块的作用。

_____
_____
_____

2）模型坐标框设置在什么位置比较好？

_____
_____
_____

3）布局模型位置时需要考虑什么因素？

_____
_____
_____

任务实施

一、导入智能生产线模型

首先导入智能生产线的工作台，在"开始"菜单下的"电子目录"中单击"+"→"编辑来源"，如图2-8所示。

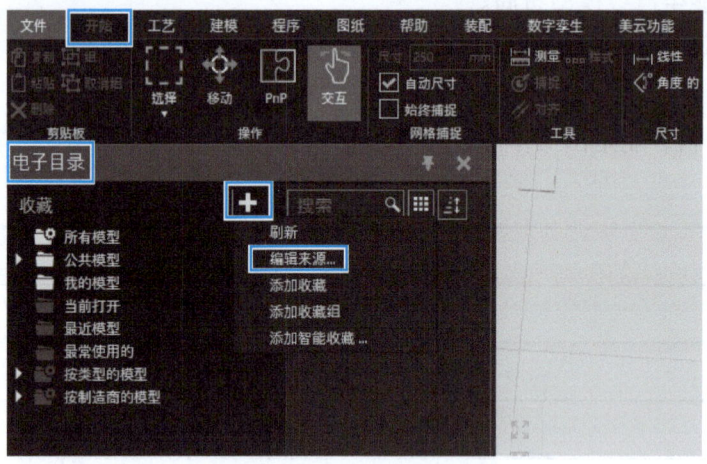

图2-8　单击"编辑来源"

在弹出的"来源"对话框中单击"添加新来源"→"选择本地来源"，如图2-9所示。

图2-9　选择本地来源

项目 2　智能生产线设计与模型搭建

随后选择配套电子文件中的"项目二智能生产线搭建"文件夹，完成选择后，在来源对话框的"来源名称"下会看到该文件夹，如图 2-10 所示，单击"关闭"按钮关闭对话框。

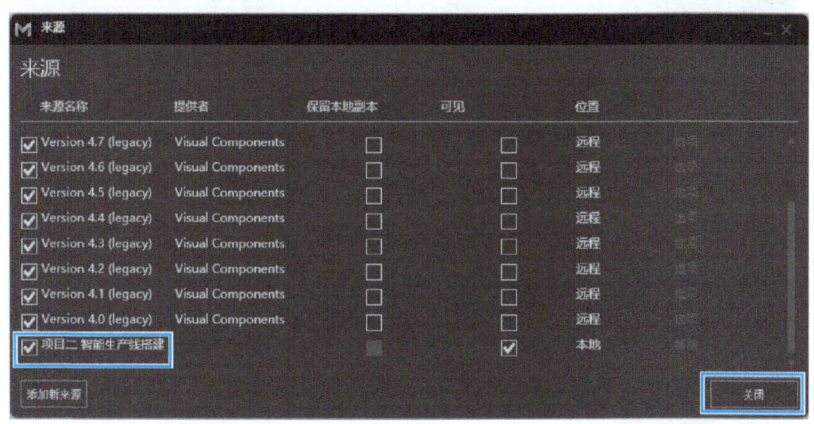

图 2-10　选择"项目二智能生产线搭建"文件夹

接下来单击"电子目录"的"收藏"栏下的"项目二智能生产线搭建"文件夹，在右边会出现文件夹中的子项目，如图 2-11 所示。

图 2-11　项目二中的 6 个子项目

31

首先把工作台添加到世界中，用鼠标左键把"电子目录"中的工作台拖动到世界中，如图 2-12 所示。

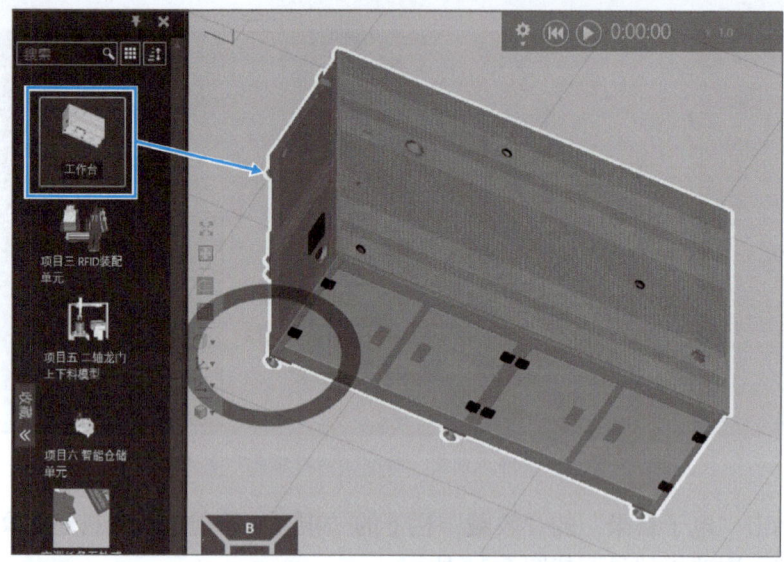

图 2-12　添加工作台到世界中

其次将 RFID 装配单元模型拖入世界中，如图 2-13 所示。

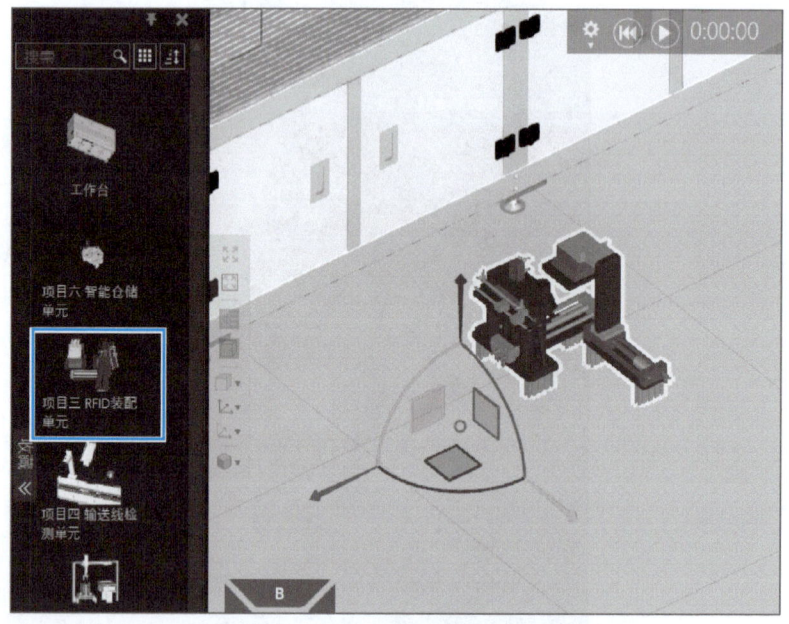

图 2-13　导入 RFID 装配单元

然后将输送线检测单元模型拖入世界中，如图 2-14 所示。

项目 2　智能生产线设计与模型搭建

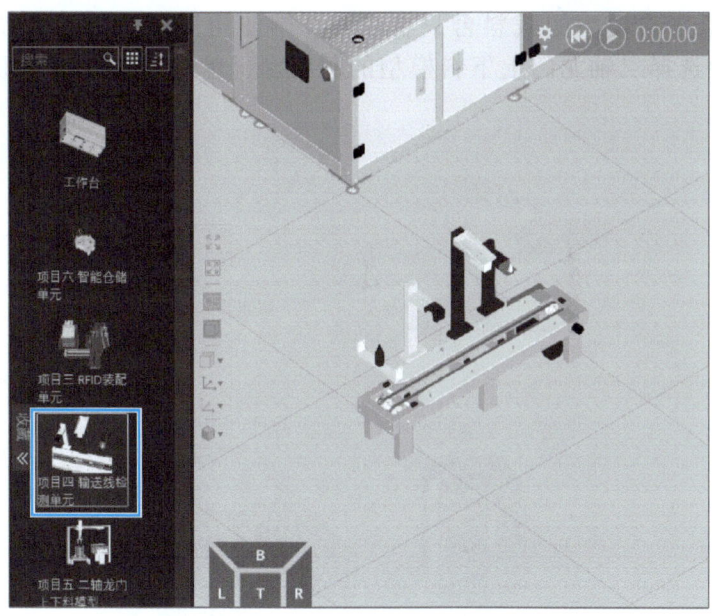

图 2-14　导入输送线检测单元

接着将二轴龙门上下料模型、轨式机器人上下料模型和 SCARA 机械臂模型拖入世界中，如图 2-15 所示。

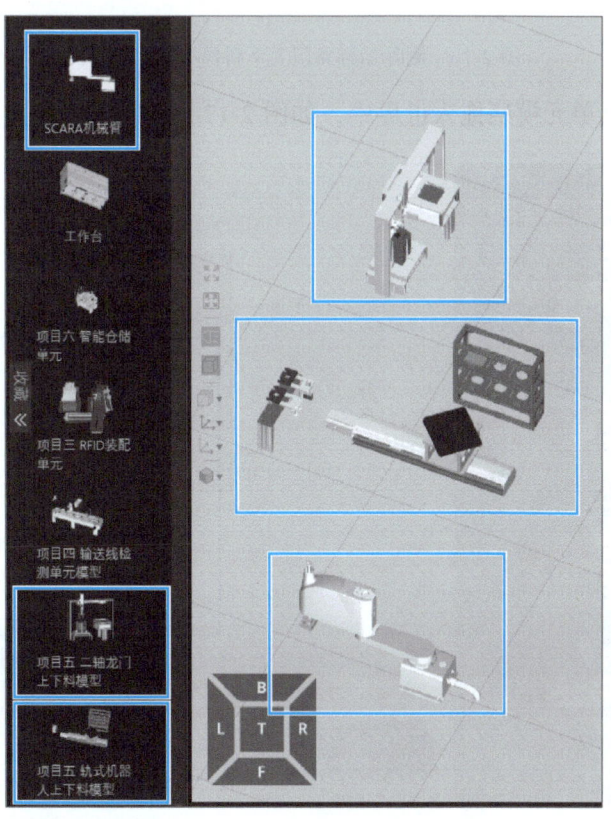

图 2-15　导入执行单元

33

二轴龙门上下料模型的载料台只在项目3中使用,在项目2中需将其删除,在"开始"菜单中选择二轴龙门上下料模型的载料台,单击"删除"按钮将其删除,如图2-16所示。

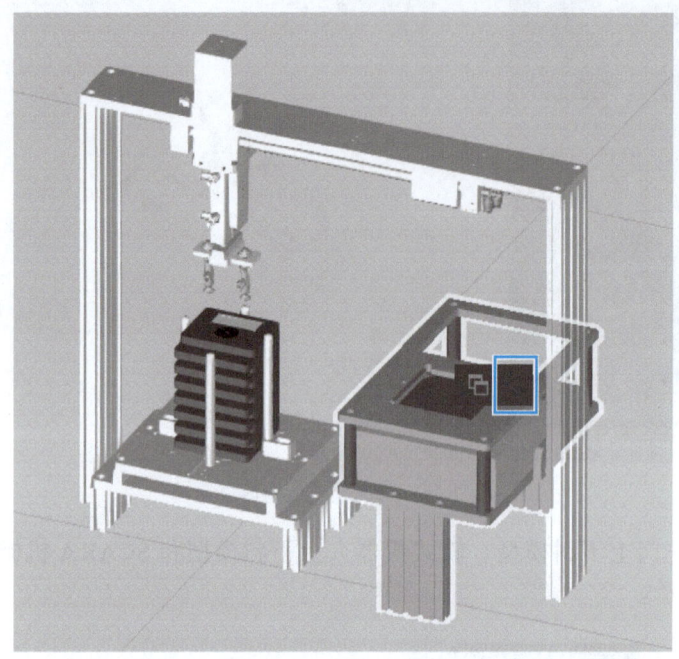

图2-16 删除二轴龙门上下料模型的载料台

最后将智能仓储单元模型拖入世界中,如图2-17所示。

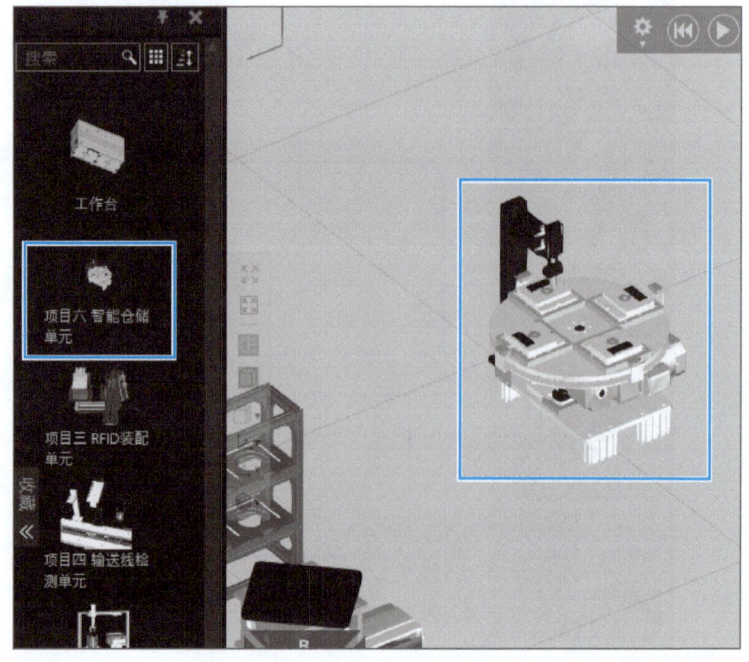

图2-17 导入智能仓储单元

二、设置模型坐标框与建组

首先修改工作台坐标框,在"开始"菜单中选择工作台模型,单击"移动",坐标框会出现在世界中,红色箭头表示 X 轴方向,绿色箭头表示 Y 轴方向,蓝色箭头表示 Z 轴方向,在"组件属性"中把坐标框的坐标修改为图 2-18 所示方向,即将 Rx、Ry、Rz 的值修改为 0。

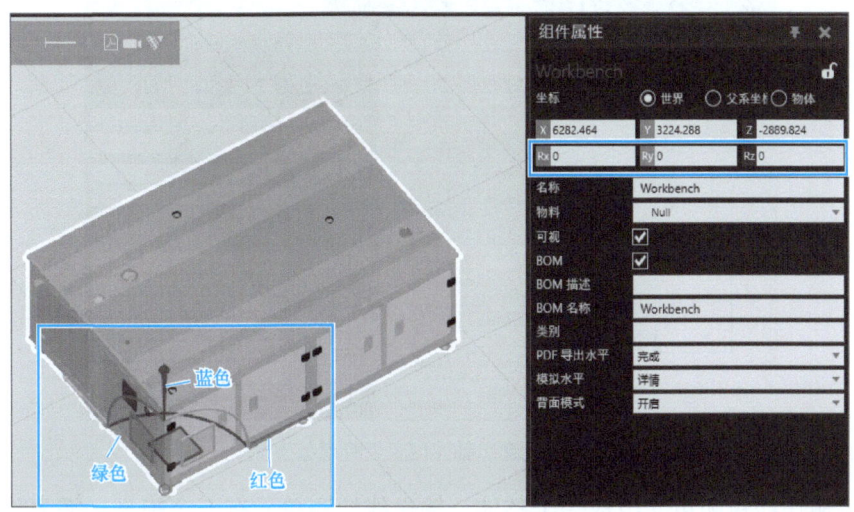

图 2-18　修改工作台坐标框方向

其次设置 RFID 装配单元坐标框,在"开始"菜单中选择 RFID 装配单元模型,选择"捕捉"功能,捕捉模型左下角,将坐标框设置在模型底部,同时将 Rx、Ry、Rz 的值修改为 0,如图 2-19 所示。

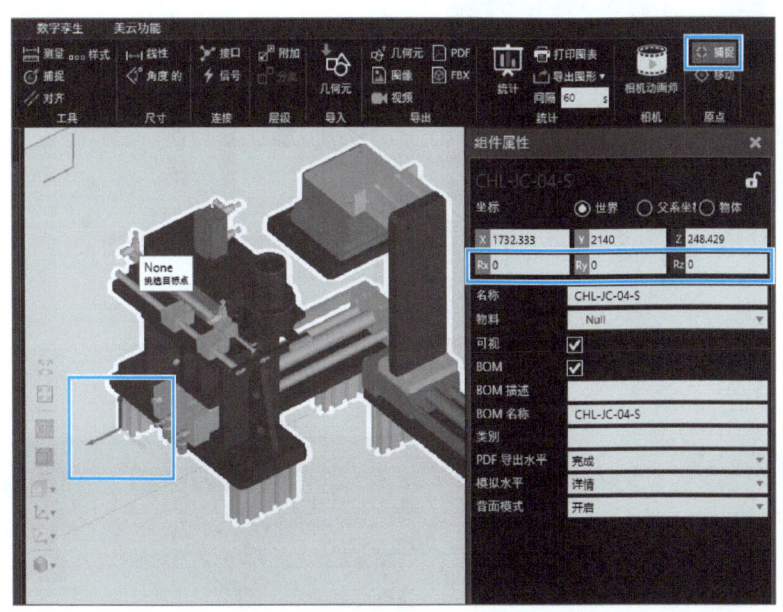

图 2-19　设置 RFID 装配单元坐标框

然后设置二轴龙门上下料模型坐标框,在"开始"菜单中选择二轴龙门上下料模型,选择"捕捉"功能,捕捉模型左下角,将坐标框设置在模型底部,同时将 Rx、Ry、Rz 的值修改为 0,如图 2-20 所示。

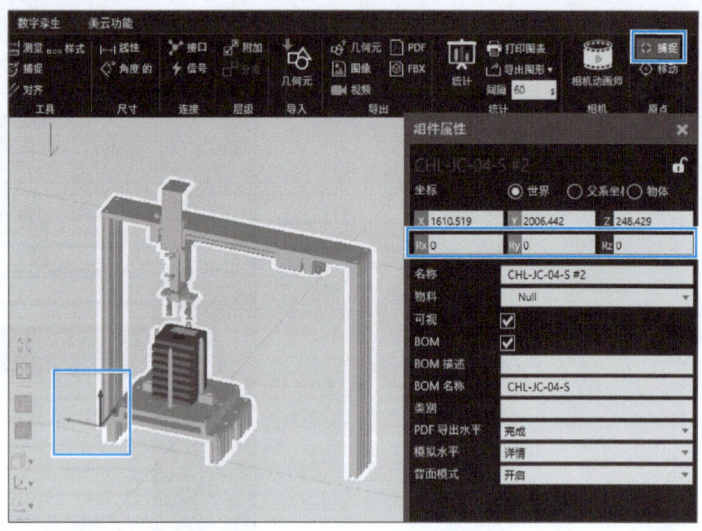

图 2-20　设置二轴龙门上下料模型坐标框

接着将输送线检测单元组成一个整体,输送线检测单元有五个模型,需先将五个模型组成一个组,以方便后续移动。在"单元组件类别"下按住 <Ctrl> 键分别单击五个组件,选择"组"功能将模型组成一个整体,如图 2-21 所示。

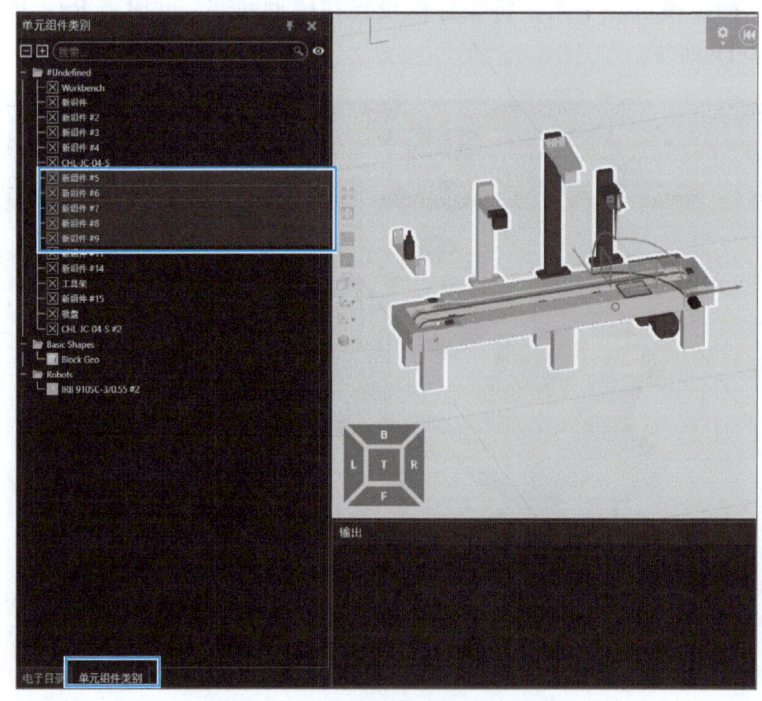

图 2-21　为输送线检测单元建立组

智能仓储单元有四个模型，需先将四个模型组成一个组，以方便后续移动。在"单元组件类别"下按住 <Ctrl> 键分别单击四个组件，选择"组"功能将模型组成一个整体，如图 2-22 所示。

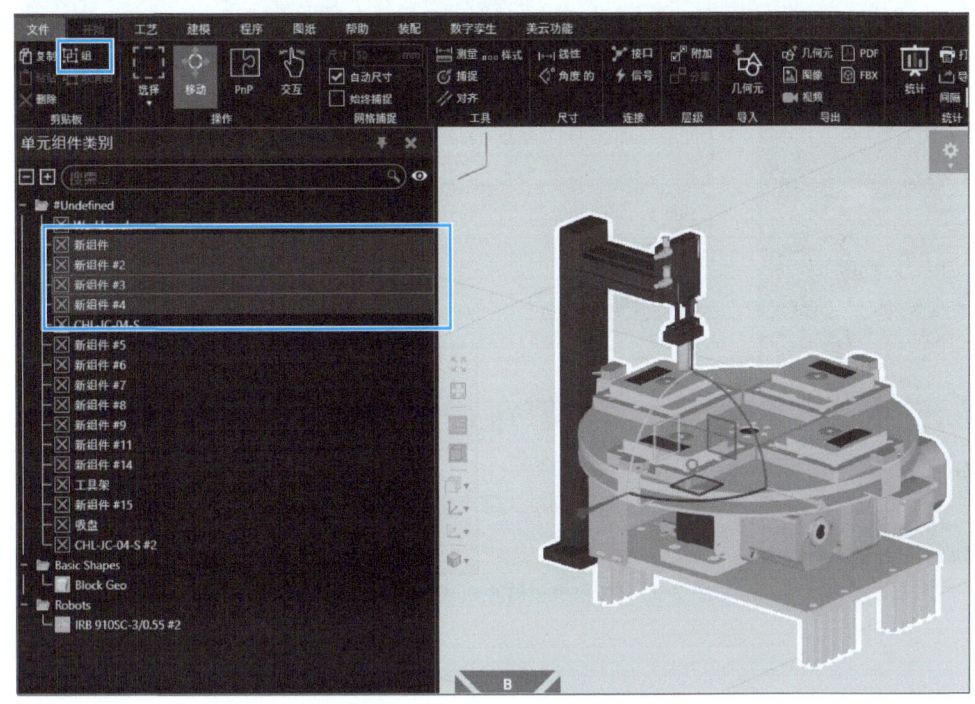

图 2-22 为智能仓储单元建立组

最后为轨式机器人建立组，先将机械臂移至轨式机器人底座中心，在"开始"菜单中选择机械臂模型，选择"移动"功能，再选择"捕捉"功能，将坐标中心捕捉到图 2-23 所示轨式机器人底座中心位置。

轨式机器人单元有六个模型，需先将六个模型组成一个组，以方便后续移动。在"单元组件类别"下按住 <Ctrl> 键分别单击六个组件，选择"组"功能将模型组成一个整体，如图 2-24 所示。

三、布局智能生产线

首先将 RFID 装配单元移动到工作台上，在"开始"菜单中选择 RFID 装配单元模型，选择"移动"功能，再选择"捕捉"功能，鼠标捕捉到图 2-25 所示坐标框原点位置，模型则移动至工作台台面。

其次将二轴龙门上下料单元移动到工作台上，在"开始"菜单中选择二轴龙门上下料模型，选择"移动"功能，再选择"捕捉"功能，鼠标捕捉到图 2-26 所示坐标框原点位置，模型则移动至工作台台面。

再次将输送线检测单元移动到工作台上，在"开始"菜单中选择输送线检测单元组，选择"移动"功能，再选择"F"视角，拖动坐标轴将模型移动至工作台台面高度，如图 2-27 所示。

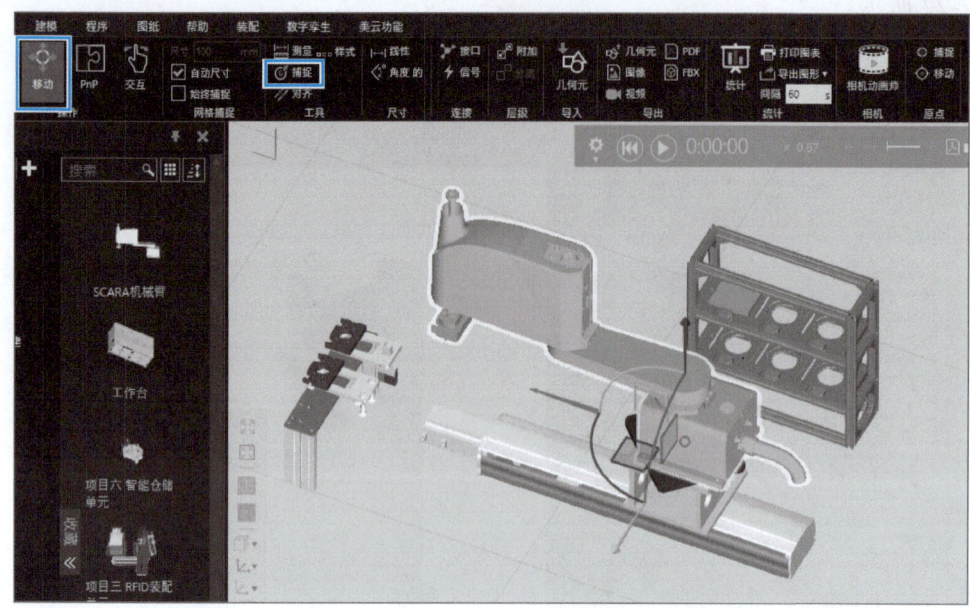

图 2-23 移动机械臂至轨式机器人底座中心

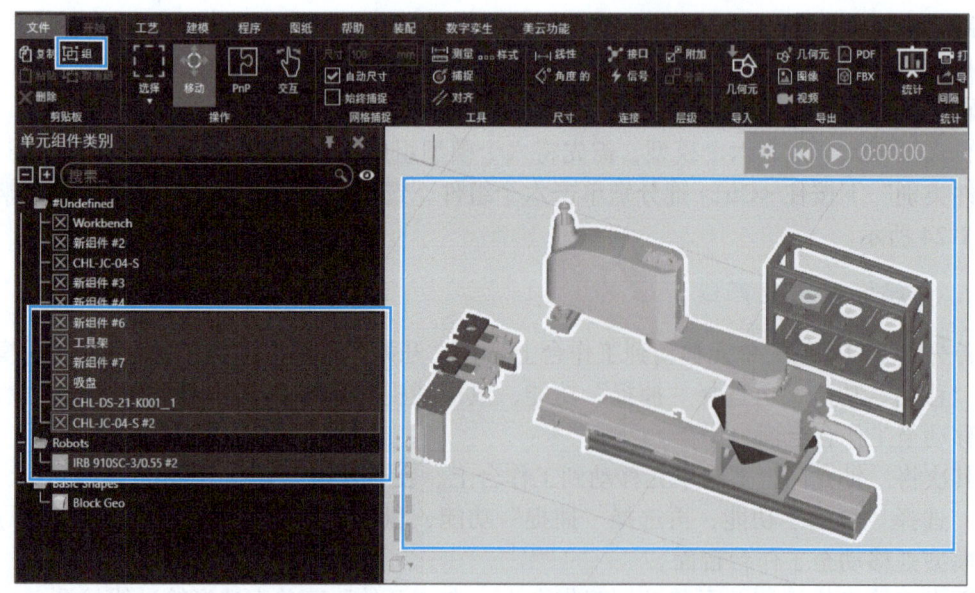

图 2-24 为轨式机器人建立组

项目 2　智能生产线设计与模型搭建

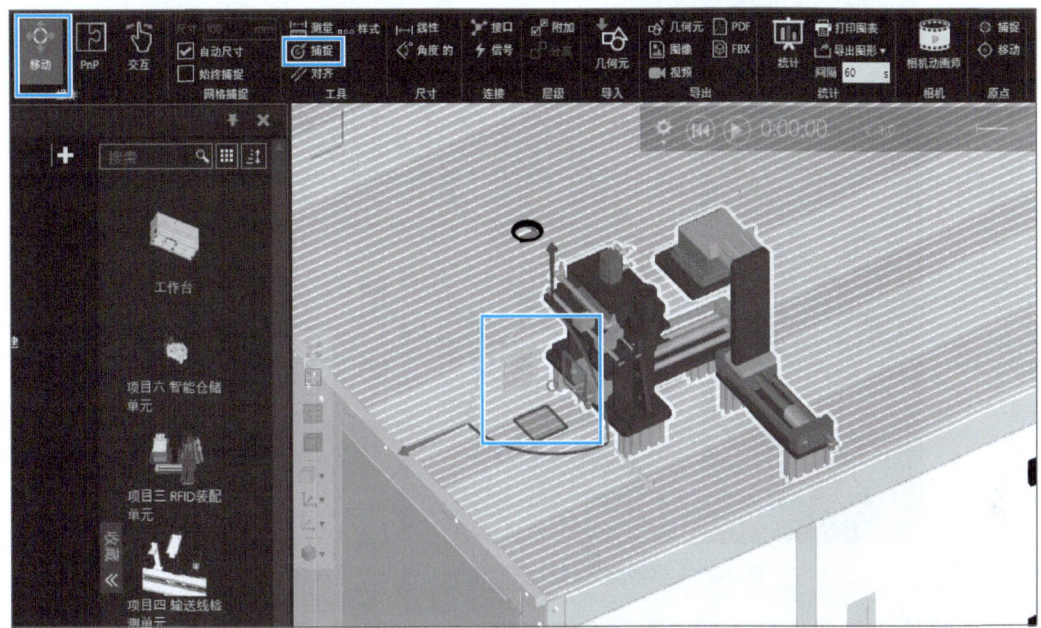

图 2-25　移动 RFID 装配单元至工作台

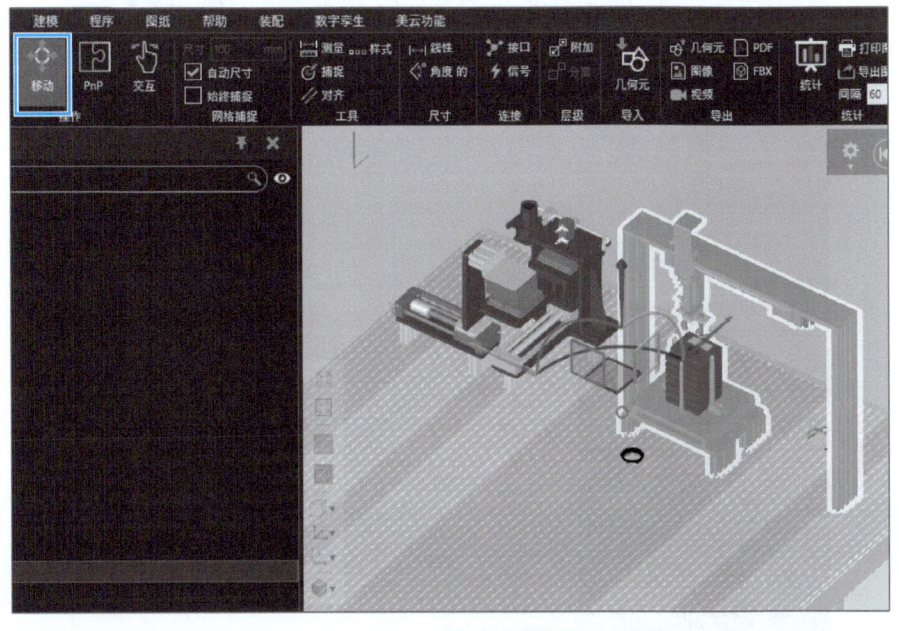

图 2-26　移动二轴龙门上下料单元至工作台

39

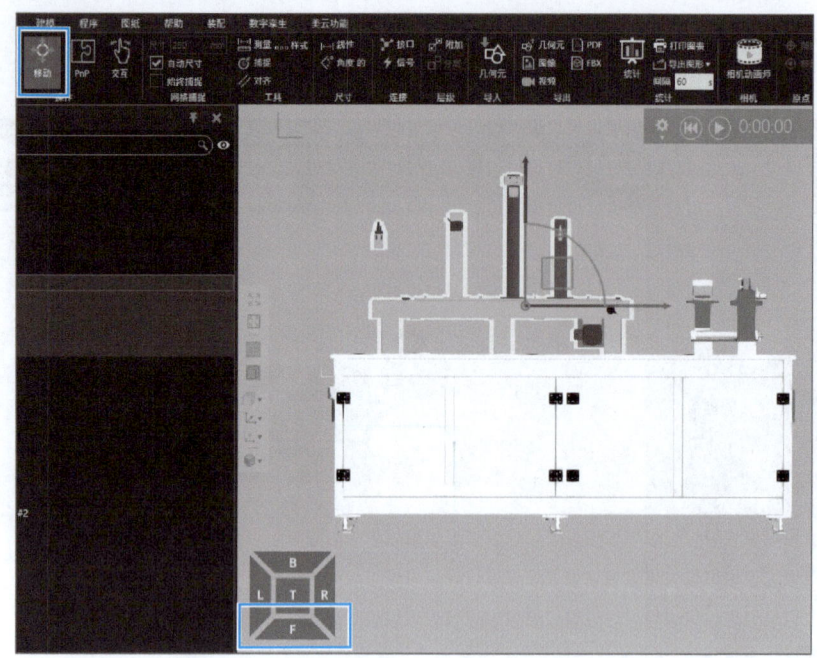

图 2-27 移动输送线检测单元至工作台台面高度

然后将轨式机器人移动到工作台台面高度,在"开始"菜单中选择轨式机器人组,选择"移动"功能,再选择"B"视角,拖动坐标轴将模型移动至工作台台面高度,如图 2-28 所示。

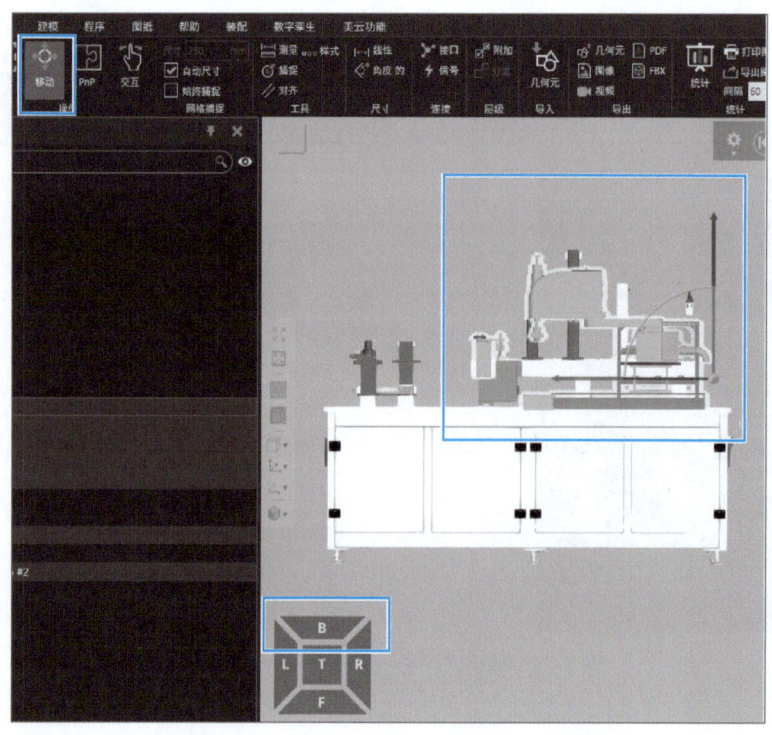

图 2-28 移动轨式机器人至工作台台面高度

接着将智能仓储单元移动到工作台台面高度,在"开始"菜单中选择智能仓储单元组,选择"移动"功能,再选择"L"视角,拖动坐标轴将模型移动至工作台台面高度,如图 2-29 所示。

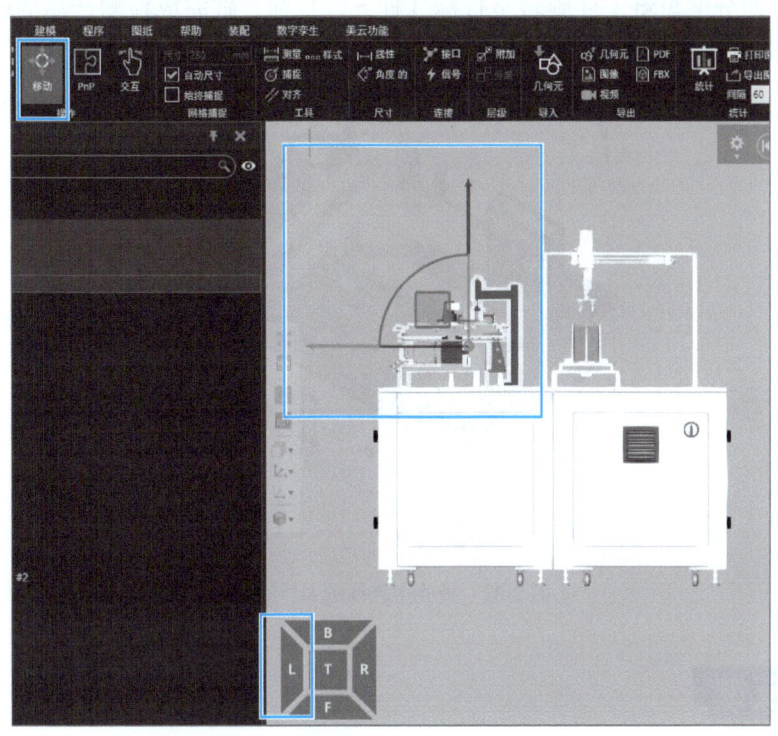

图 2-29　移动智能仓储单元至工作台台面高度

将各单元移动到工作台台面高度后,将视角切换至俯视"T",在俯视图下将各单元移动至图 2-30 所示位置完成生产线布局。

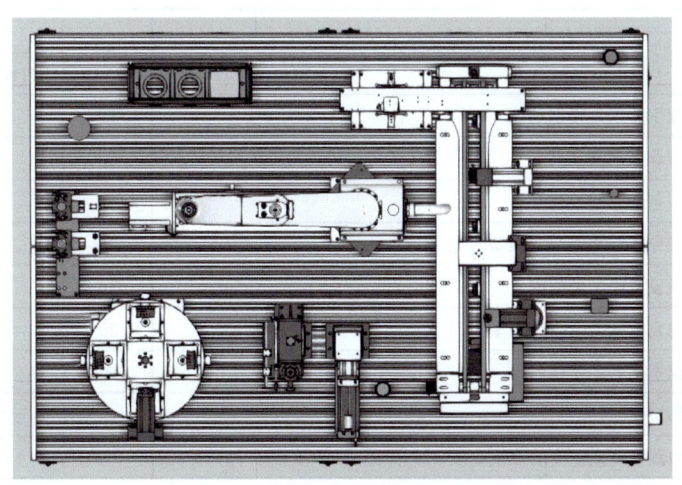

图 2-30　布局完成后的俯视图效果

智能生产线的工作流程如图 2-31 所示,首先机械臂在夹具台更换吸盘夹具,然后将工件从仓库中取出并放置在 RFID 检测单元进行检测。完成检测后机械臂将工件移动至龙门单元料仓处，龙门吸盘模块将工件从料仓处吸取至传送带初始位置，传送带起动后将工件依次运送到视觉检测、距离检测和金属检测模块。完成检测后由机械臂将工件吸取至智能仓储单元，四分度盘将工件旋转至打标气缸下，打标气缸完成检测产品的标记，最后完成产品的入库。

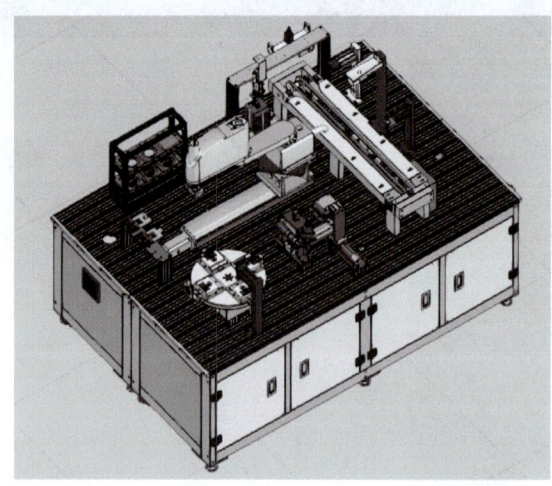

图 2-31 智能生产线的工作流程

评价反馈

在任务完成后需对学生的实施情况进行评价，包括自评、互评和师评三方面，评价表见表 2-4。

表 2-4 评价表

类别	评价内容	分值	评价分数		
			自评	互评	师评
理论	了解智能生产线各模型功能	10			
	了解模型导入功能	10			
	了解模型布局要素	10			
技能	能够正确导入智能生产线模型	20			
	能够正确设置模型坐标框	20			
	能够正确完成智能生产线模型布局	20			
素养	培养一丝不苟的工作作风	4			
	培养团结协作精神	3			
	养成努力践行严谨工作的习惯	3			

项目 3

智能装配单元数字化设计与仿真

项目概述

智能装配是制造业中的一个重要环节,它涉及将各种零部件按照既定的设计要求进行组合和连接的过程,正逐渐成为制造业转型升级的核心动力。RFID 即射频识别,它是一种无线通信技术,通过无线电波进行数据交换以识别和跟踪带有电子标签的物体。RFID 可以帮助实现生产过程的自动化,通过实时的数据收集和反馈,提高生产效率和质量控制。本项目主要是完成 RFID 芯片装配单元的设计和仿真。

知识图谱

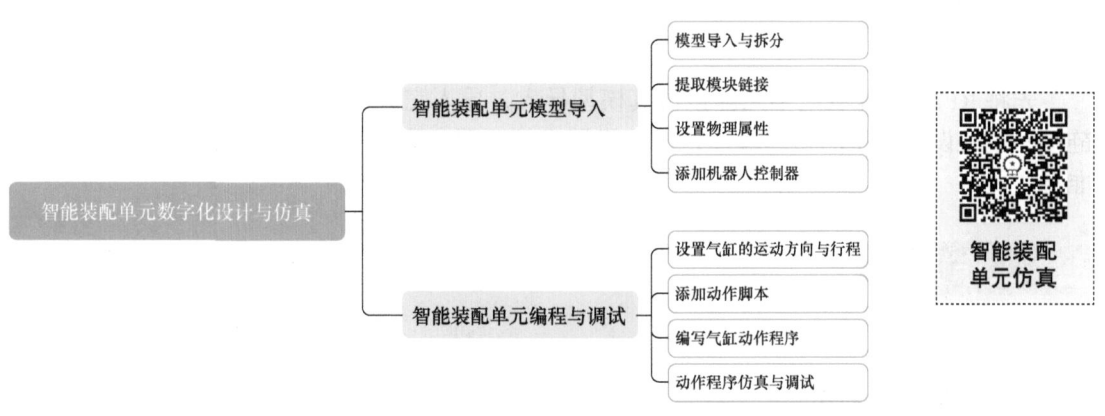

任务 3.1　智能装配单元模型导入

学习目标

1. 知识目标

1）了解 RFID 芯片读取装配压合装置各模块的功能。
2）了解设备的物理属性。
3）了解机器人控制器的原理。

2. 技能目标

1）能够提取芯片读取装配压合装置的模块链接。
2）能够为模块设置对应的物理属性。
3）能够正确地添加控制器。

3. 素养目标

1）严格执行规范，养成严谨科学的工作作风。
2）培养团结协作精神。
3）养成总结训练过程和结果的习惯，为下次训练总结经验。

任务描述

先将 RFID 芯片装配单元虚拟仿真模型导入，导入完成后将模型进行拆分，提取模块链接，最后设置模型的物理属性，添加机器人控制器，为 RFID 芯片装配单元程序编写做准备。

工作方案

1. 任务分析

1）模型导入与拆分。
2）提取模块链接。
3）设置物理属性。
4）添加机器人控制器。
芯片读取装配压合装置的组成如图 3-1 所示。

2. 制定工作计划

根据任务分析，制定出工作计划并填入表 3-1 中。

项目 3　智能装配单元数字化设计与仿真

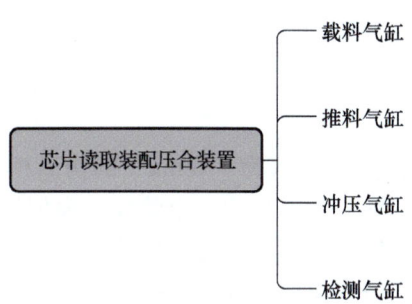

图 3-1　芯片读取装配压合装置的组成

表 3-1　工作计划

步骤	工作内容	时间
1		
2		
3		
4		

引导问题

1）芯片读取装配压合装置由哪几个组件构成？
_____
_____
_____

2）物理类型有哪几类？
_____
_____
_____

3）为什么要添加机器人控制器？
_____
_____
_____

45

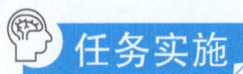 **任务实施**

一、模型导入与拆分

芯片读取装配压合模型是文件后缀为"vcmx"的仿真模型体，在进行模型仿真动作编程前，需将模型进行导入。导入的模型为一个整体，模型导入后需将模型拆分成若干个模块，再对模块添加控制器，最后对模块进行动作编程，添加动作脚本，完成仿真任务。

首先导入仿真模型，打开仿真模型文件：选择"文件"→"打开"，如图 3-2 所示。

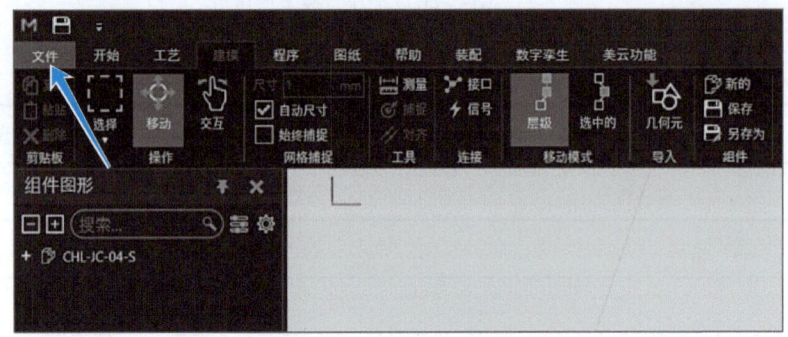

图 3-2　打开仿真模型文件

在"教材配套电子文件"中，选择"任务一　芯片读取装配压合模型 .vcmx"，打开模型，如图 3-3 所示。

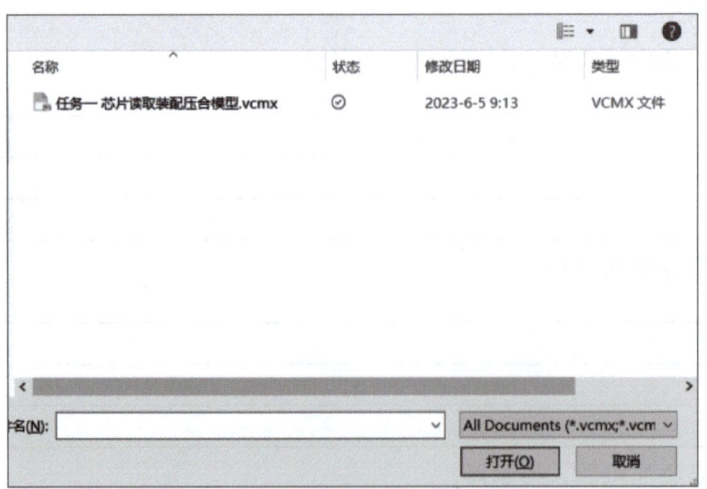

图 3-3　芯片读取装配压合模型文件

模型打开完成后如图 3-4 所示，芯片读取装配压合装置由 4 个气缸和 1 个工作台组成，其中 4 个气缸分别是载料气缸、推料气缸、冲压气缸和检测气缸，仿真模型并未将气缸拆分，故需手动将 4 个气缸进行拆分。为了方便操作，拆分前需先隐藏工作台，选中左侧树状图中的工作台，单击"眼睛"图标隐藏工作台。

项目3 智能装配单元数字化设计与仿真

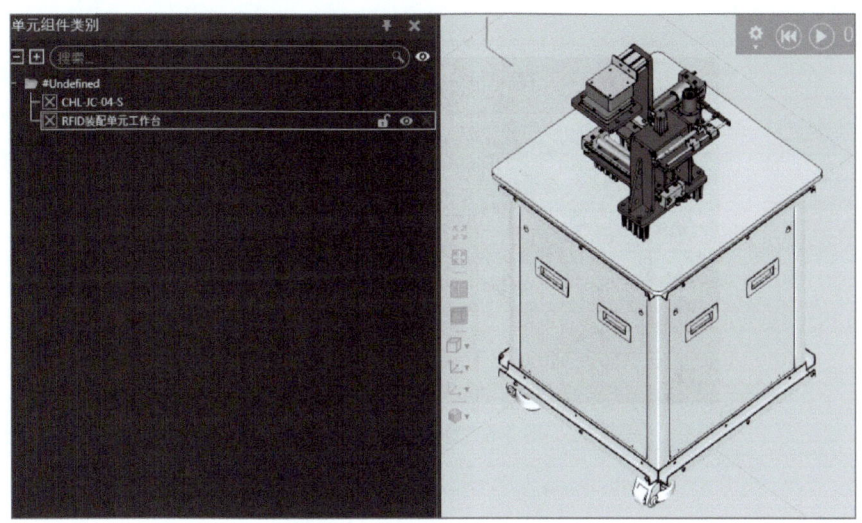

图 3-4 芯片读取装配压合装置效果图

接下来修改组件名称，组件原始名称为"CHL-JC-04-S"，如图 3-5 所示。

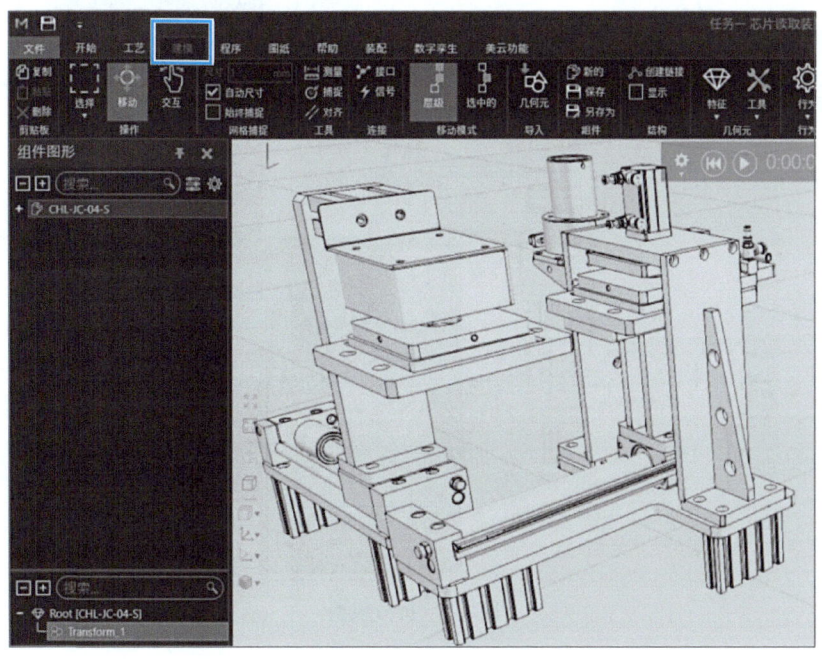

图 3-5 "建模"菜单

打开"建模"菜单，选中仿真模型，把组件名称改为"芯片读取装配压合"，如图 3-6 所示。

修改完成后进行模型拆分，选中模型并右击，在命令菜单中选择"工具"→"爆炸"，拆分模型后即可单独选择单个装配零件以进行下一步的模块链接提取，如图 3-7 所示。

47

智能生产线数字化设计与仿真

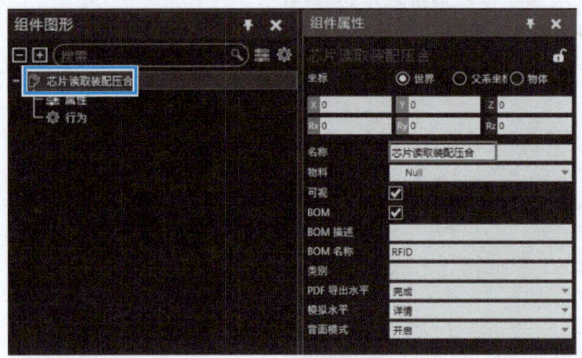

图 3-6 修改组件名称

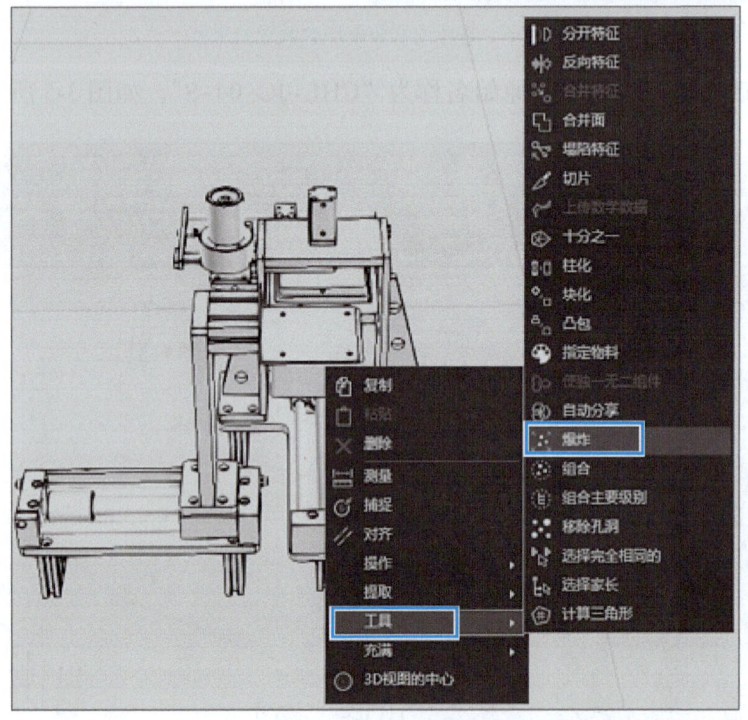

图 3-7 拆分模型

二、提取模块链接

在完成模型拆分后，可选中模型中的独立组件，根据模型运动的实际需求完成组件的链接。在芯片读取装配压合装置中，需要将 4 个主要气缸进行链接，首先提取载料气缸链接，如图 3-8 所示。按住 <Ctrl> 键选中载料气缸横移部分，在功能区中选择"工具"，接着选择"提取"功能下的"链接"选项。

项目 3　智能装配单元数字化设计与仿真

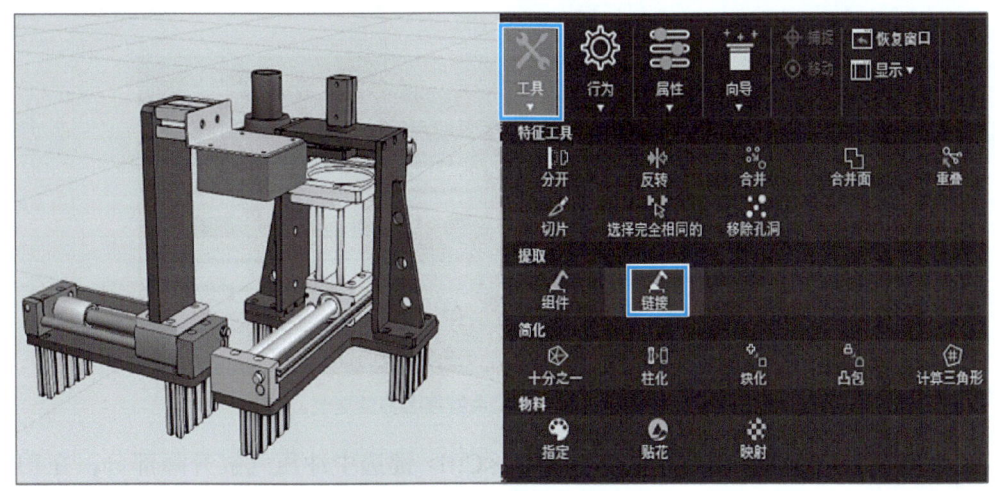

图 3-8　提取载料气缸链接

完成链接提取后更改模块链接名称,将链接名称改为"载料气缸",如图 3-9 所示。

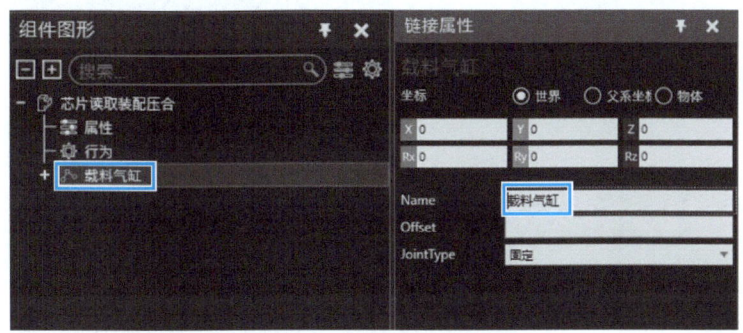

图 3-9　载料气缸模块链接名称的更改

接下来提取推料气缸横移部分链接,按住 <Ctrl> 键选中推料气缸横移部分,在功能区中选择"工具",接着选择"提取"功能下的"链接"选项,如图 3-10 所示。

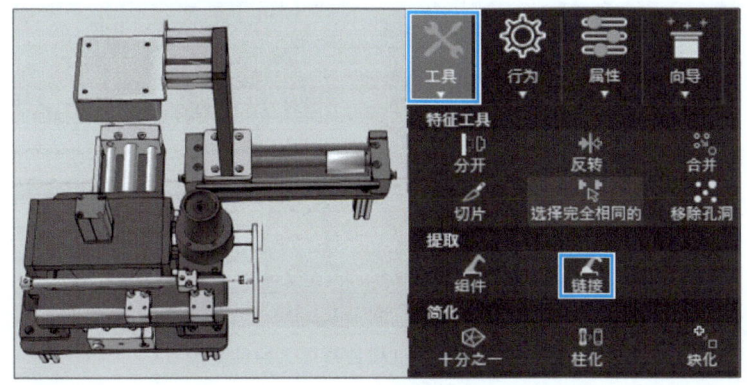

图 3-10　提取推料气缸链接

完成链接提取后更改模块链接名称,将链接名称改为"推料气缸",如图 3-11 所示。

49

图 3-11 推料气缸模块链接名称的更改

随后提取冲压气缸升降部分链接，按住 <Ctrl> 键选中冲压气缸升降部分，在功能区中选择"工具"，接着选择"提取"功能下的"链接"选项，如图 3-12 所示。

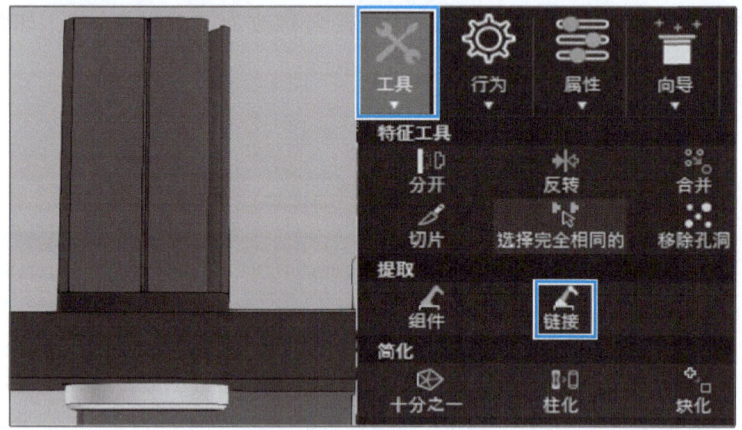

图 3-12 提取冲压气缸链接

完成链接提取后更改模块链接名称，将链接名称改为"冲压气缸"，如图 3-13 所示。

图 3-13 冲压气缸模块链接名称的更改

最后提取检测气缸横移部分链接，按住 <Ctrl> 键选中检测气缸横移部分，在功能区中选择"工具"，接着选择"提取"功能下的"链接"选项，如图 3-14 所示。

项目3 智能装配单元数字化设计与仿真

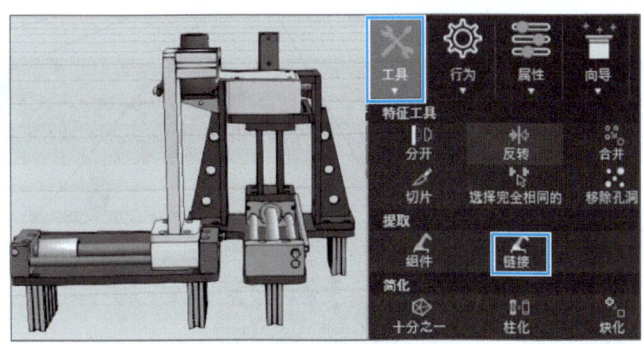

图3-14 提取检测气缸链接

完成链接提取后更改模块链接名称,将链接名称改为"检测气缸",如图3-15所示。

图3-15 检测气缸模块链接名称的更改

三、设置物理属性

完成各气缸模块链接的提取后,各气缸可作为一个模块整体进行独立运动。而产品需放在载料气缸上,与载料气缸一起运动,因此需为产品设置物理属性,让其成为一个物理实体,通过重力让其自然落在载料气缸上,从而完成产品与载料气缸的同步运动。首先选中方形物料,在"建模"菜单中,选择"工具"→"组件",把物料提取为独立的组件,如图3-16所示。然后把物料名称改为"产品",如图3-17所示。

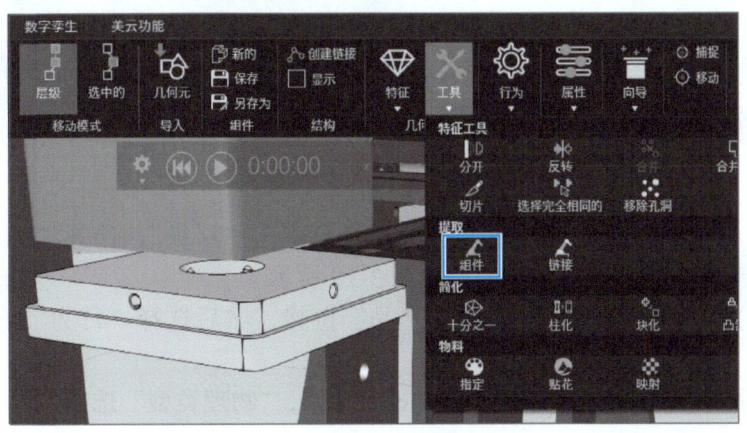

图3-16 提取组件功能

图 3-17　更改物料名称

捕捉产品中心坐标至产品底部中心位置,选择"产品"链接,单击"选中的",选择"捕捉"功能,设置"对齐轴"为"-Z",如图 3-18 所示。

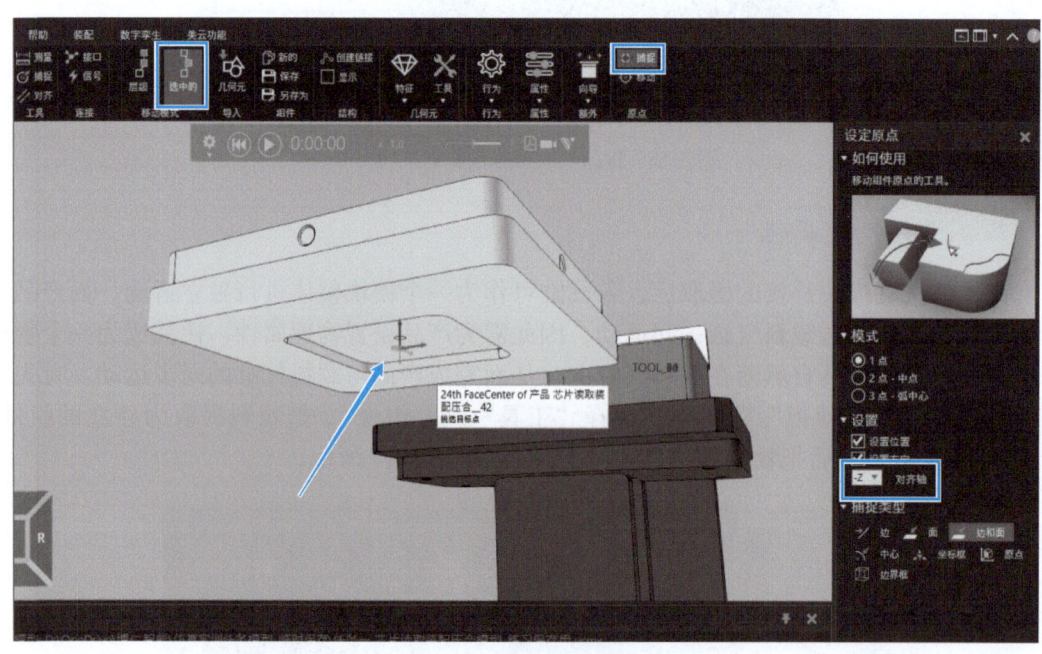

图 3-18　捕捉产品中心坐标

将产品中心坐标与载料气缸中心坐标重合,单击"层级",选择"工具"中的"捕捉"功能,把产品放置到载料气缸上,如图 3-19 所示。

给产品添加一个物理实体,选择"产品"链接,然后选择"行为"→"实体",如图 3-20 所示。

接着设置物理类型,选择实体"PhysicsEntity","物理类型"选择"#物理学内",如图 3-21 所示。

项目3 智能装配单元数字化设计与仿真

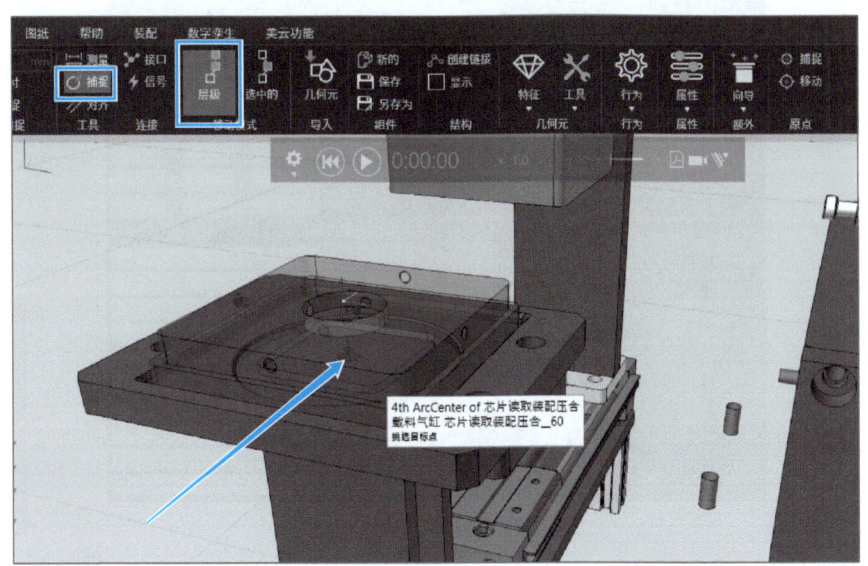

图 3-19 产品中心坐标与载料气缸中心坐标重合

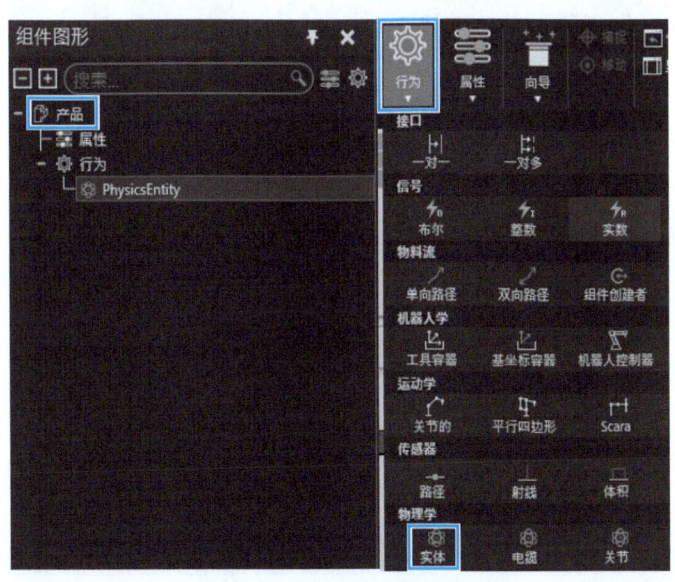

图 3-20 给产品添加物理实体

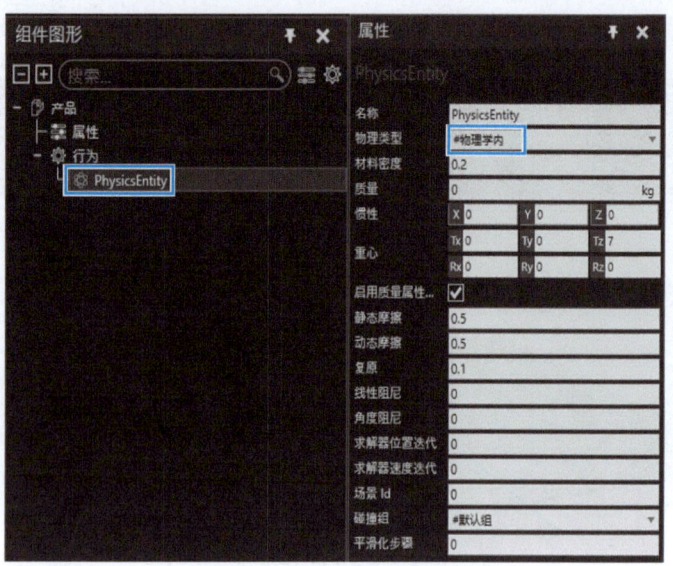

图 3-21　更改产品的物理类型

给载料气缸添加一个物理实体，选择"载料气缸"链接，选择"行为"→"实体"，如图 3-22 所示。

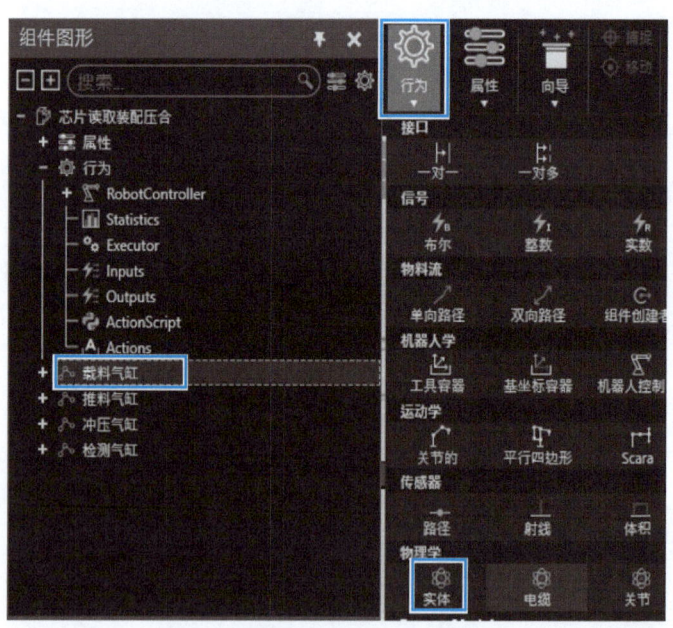

图 3-22　给载料气缸添加物理实体

然后设置载料气缸的物理类型，选择实体"PhysicsEntity"，"物理类型"选择"＃运动"，如图 3-23 所示。

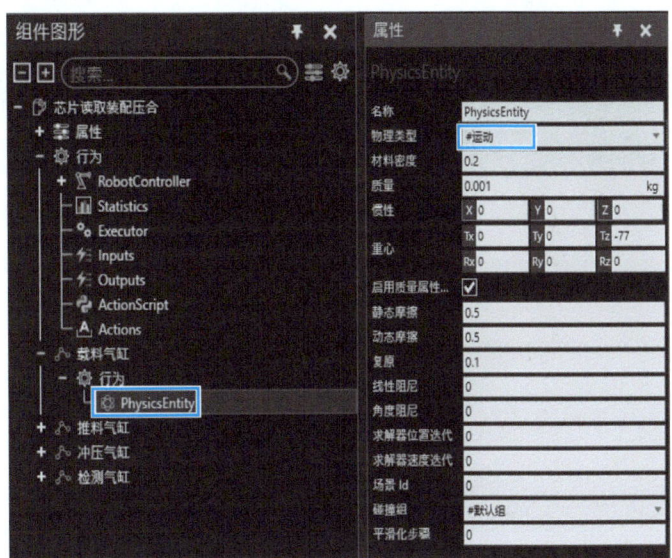

图 3-23 更改载料气缸的物理类型

物理属性设置完成后,载料气缸可承载产品一起运动。

四、添加机器人控制器

芯片读取装配压合装置的运动方式是四个气缸分别进行动作,其运动方式与多轴机器人运动方式相似,可为组件添加机器人控制器以完成运动仿真。组件要有正确的中心坐标才能有正确的运动方向与运动轨迹,所以在添加控制器前需先修改气缸中心坐标。首先修改载料气缸中心点,选择"载料气缸"链接,如图 3-24 所示。在"移动模式"中选择"选中的",单击"捕捉"工具,如图 3-25 所示。捕捉中心坐标至物料中心点,如图 3-26 所示。

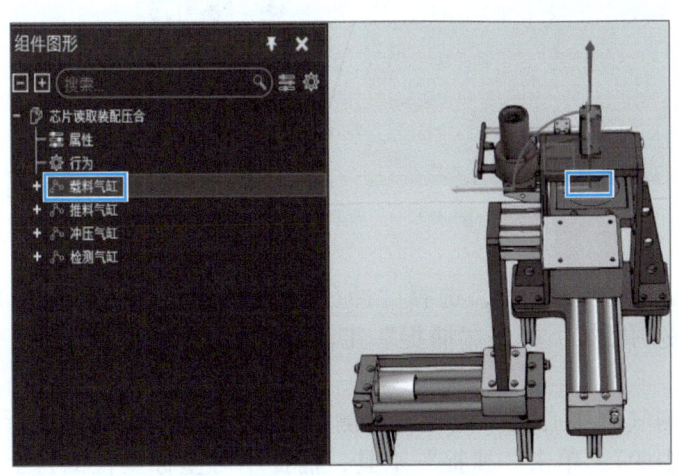

图 3-24 "载料气缸"链接

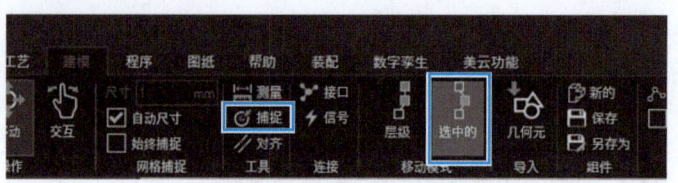

图 3-25 "捕捉"工具选项

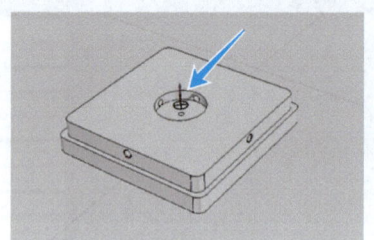

图 3-26 物料中心点

接下来修改推料气缸中心点,选择"推料气缸"链接,如图 3-27 所示。在"移动模式"中选择"选中的",单击"捕捉"工具,捕捉中心坐标至推料气缸中心位置,如图 3-28 所示。

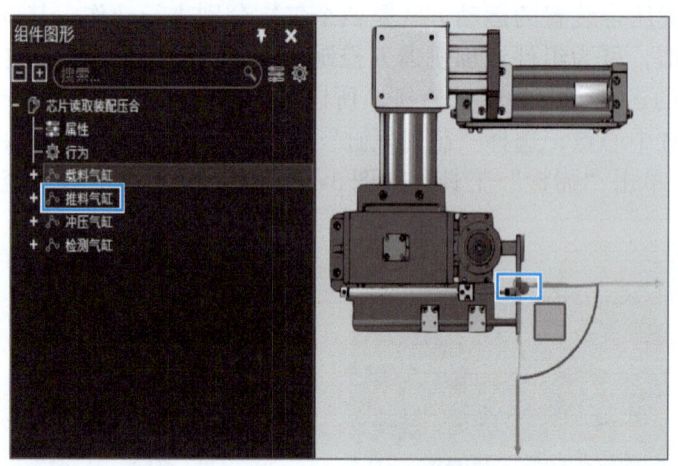

图 3-27 "推料气缸"链接

随后修改冲压气缸中心点,选择"冲压气缸"链接,如图 3-29 所示。在"移动模式"中选择"选中的",单击"捕捉"工具,捕捉中心坐标至冲压气缸中心点,如图 3-30 所示。

最后修改检测气缸中心点,选择"检测气缸"链接,如图 3-31 所示。在"移动模式"中选择"选中的",单击"捕捉"工具,捕捉中心坐标至检测台上方中心位置,如图 3-32 所示。

项目 3　智能装配单元数字化设计与仿真

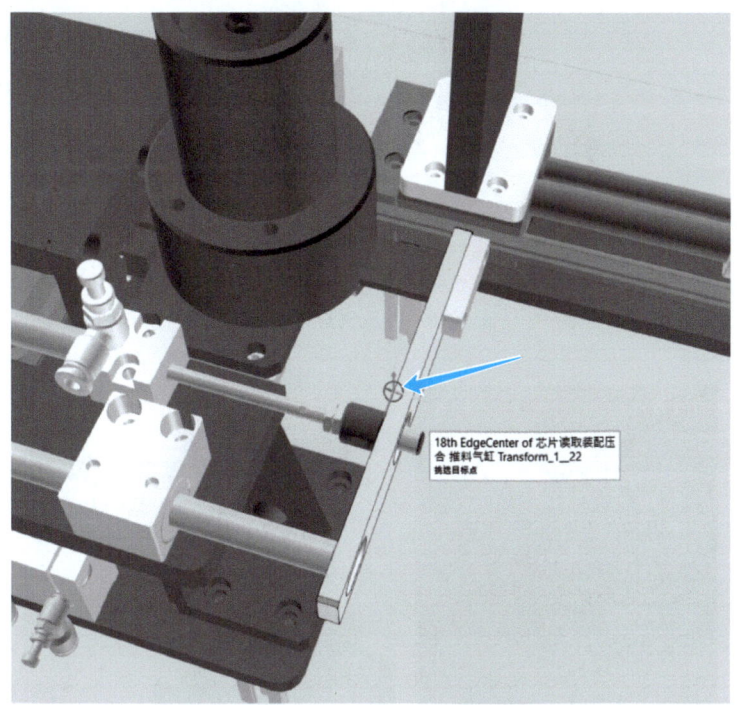

图 3-28　推料气缸中心点

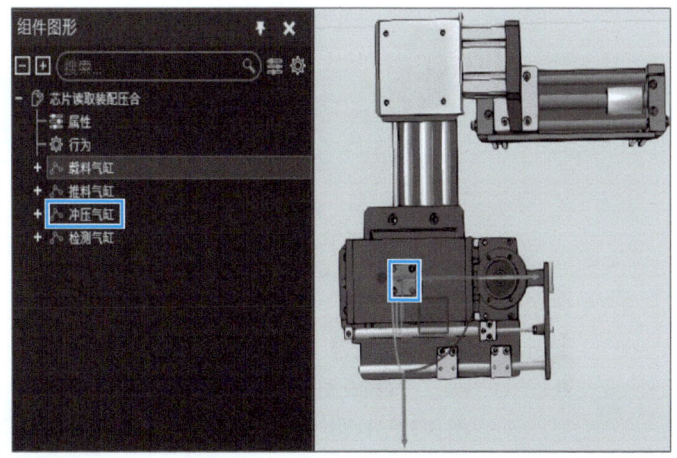

图 3-29　"冲压气缸"链接

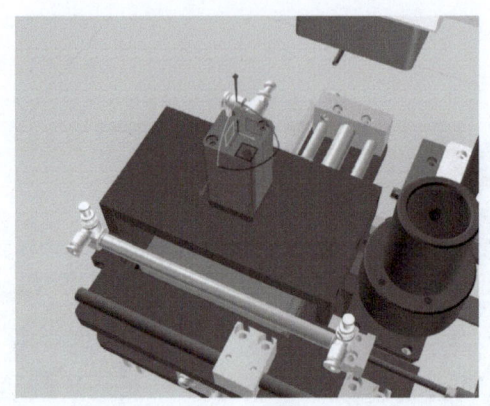

图 3-30 冲压气缸中心点

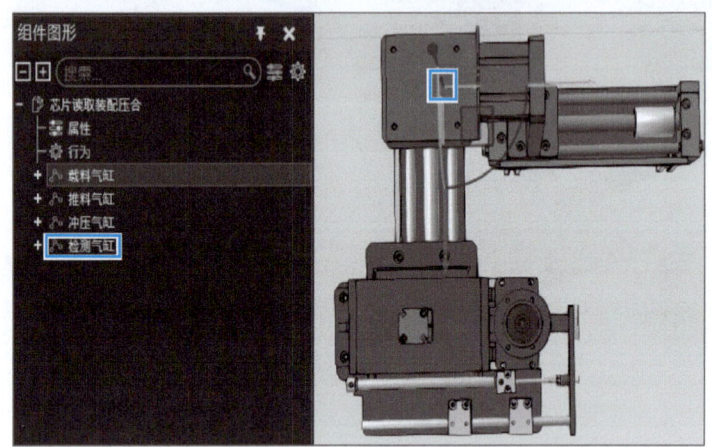

图 3-31 "检测气缸"链接

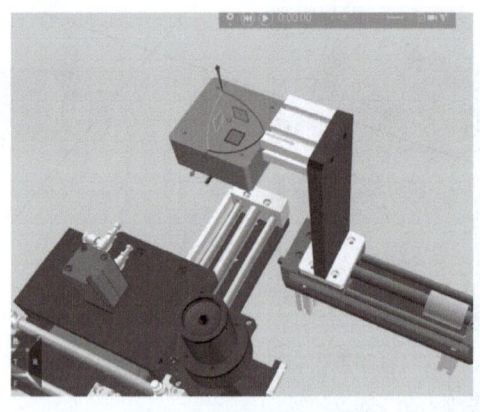

图 3-32 检测气缸中心点

完成 4 个气缸中心点的修改后,为模型添加机器人控制器,选中"芯片读取装配压合"链接,在功能区中选择"行为",接着选择"机器人学"下的"机器人控制器",如图 3-33 所示。

项目 3　智能装配单元数字化设计与仿真

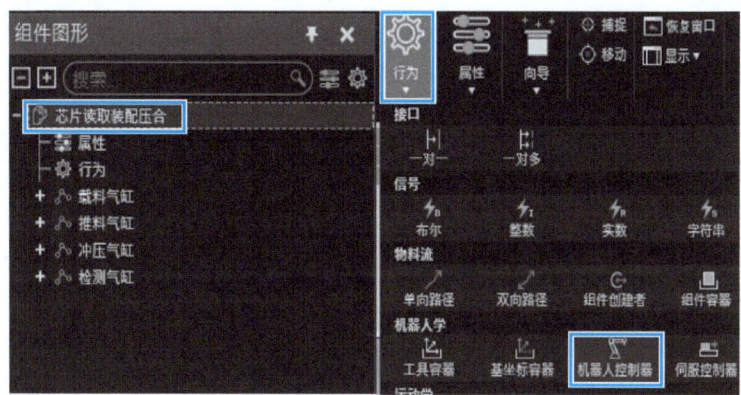

图 3-33　机器人控制器

评价反馈

在任务完成后需对学生的实施情况进行评价，包括自评、互评和师评三方面，评价表见表 3-2。

表 3-2　评价表

类别	评价内容	分值	评价分数		
			自评	互评	师评
理论	了解 RFID 芯片读取装配压合装置各模块的功能	10			
	了解设备的物理属性	10			
	了解机器人控制器的原理	10			
技能	能够提取芯片读取装配压合装置的模块链接	20			
	能够为模块设置对应的物理属性	15			
	能够正确地添加控制器	25			
素养	严格执行规范，养成严谨科学的工作作风	4			
	培养团结协作精神	3			
	养成总结训练过程和结果的习惯，为下次训练总结经验	3			

任务 3.2　智能装配单元编程与调试

学习目标

1. 知识目标

1）了解 RFID 芯片读取装配压合装置的动作流程。
2）了解动作脚本的原理。

3）了解仿真动作流程的编写顺序。

2. 技能目标

1）能够正确测量气缸行程。
2）能够为气缸添加动作脚本。
3）能够正确编写气缸运动程序。
4）能够完成动作程序的仿真。

3. 素养目标

1）培养科技创新的精神。
2）培养精益求精的精神。
3）培养积极向上、奋勇向前的工作心态。

了解 RFID 芯片读取装配压合装置的动作流程和动作脚本的基本原理，进而学习仿真动作流程的编写顺序；准确测量气缸的行程，为气缸添加相应的动作脚本，并编写与之对应的气缸运动程序；通过使用仿真软件进行动作程序的仿真验证，确保装置动作的准确性和稳定性。

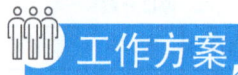

1. 任务分析

1）设置气缸运动方向与行程。
2）添加动作脚本。
3）编写气缸动作程序。
4）动作程序仿真与调试。

图 3-34 所示为气缸动作程序，实现芯片读取装配功能。

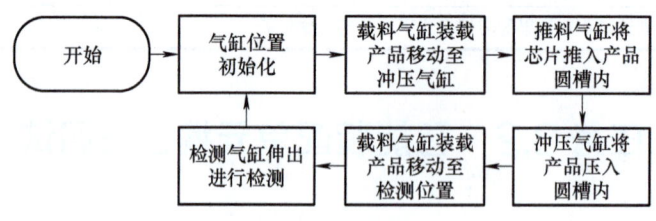

图 3-34 气缸动作程序

2. 制定工作计划

根据任务分析，制定出工作计划并填入表 3-3 中。

表3-3 工作计划

步骤	工作内容	时间
1		
2		
3		
4		

引导问题

1）什么是动作脚本？

2）简述芯片读取装配压合装置的工作流程。

3）简述各关节对应的气缸。

任务实施

一、设置气缸的运动方向与行程

添加机器人控制器后即可设置各气缸的运动方向与行程，每个气缸都有其最大行程，在设置行程前需先对每个气缸的最大行程进行测量，首先测量载料气缸的最大行程。测量行程使用"测量"工具，如图3-35所示，选择"测量"工具，分别单击载料气缸左端端面与右端端面。

载料气缸的最大行程测量结果如图3-36所示，"201.1mm"表示点到点的直线距离，"201.0mm"表示面到面的垂直距离，最大行程取垂直距离201.0mm。

随后测量推料气缸的最大行程，选择"测量"工具，分别单击圆形料盘右侧象限点和推料气缸右侧平面，如图3-37所示，"71.1mm"（图3-37中①）表示面到点的垂直距离，"71.1mm"（图3-37中②）表示面到点的直线距离，最大行程取垂直距离71.1mm。

图 3-35 "测量"工具

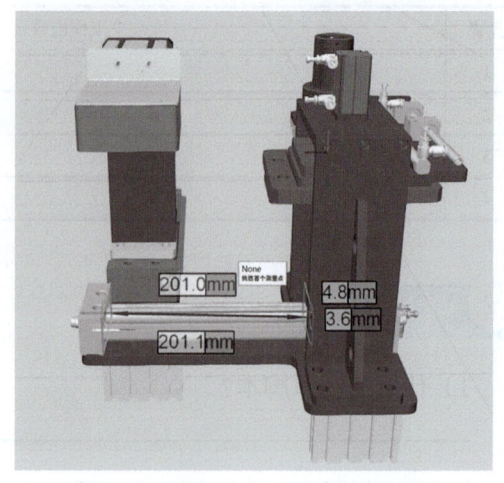

图 3-36 载料气缸的最大行程测量结果

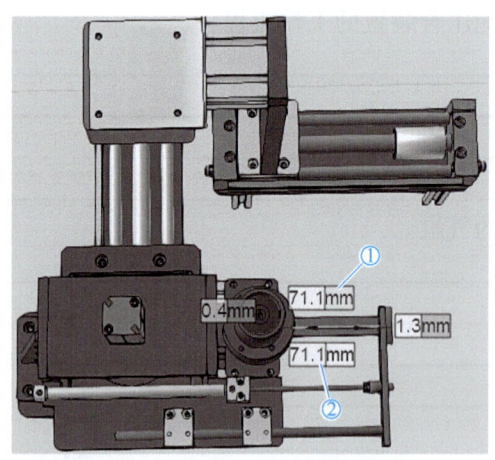

图 3-37 推料气缸的最大行程测量结果

接下来测量冲压气缸的最大行程，选择"测量"工具，分别单击冲压气缸冲头平面和下方固定板平面，如图 3-38 所示，"5.5mm"表示面到面的垂直距离，"13.6mm"表示面到点的直线距离，最大行程取垂直距离 5.5mm。

最后测量检测气缸的最大行程，选择"测量"工具，分别单击检测气缸左端端面和右端端面，如图 3-39 所示，"151.0mm"表示面到面的垂直距离，"152.2mm"表示面到点的直线距离，最大行程取垂直距离 151.0mm。

完成最大行程测量后，运用机器人控制器设置各气缸的运动方向与最大行程，首先设置载料气缸的运动方向与最大行程。选择"载料气缸"链接，在轴运动方式"JointType"的下拉列表框中选择"平移"，气缸运动的正方向为 X 轴负方向，在控制器"Controller"的下拉列表框中选择"RobotController"，选择"最小限制"为"0"，选择"最大限制"为"201"（载料气缸的最大行程），如图 3-40 所示。

项目 3　智能装配单元数字化设计与仿真

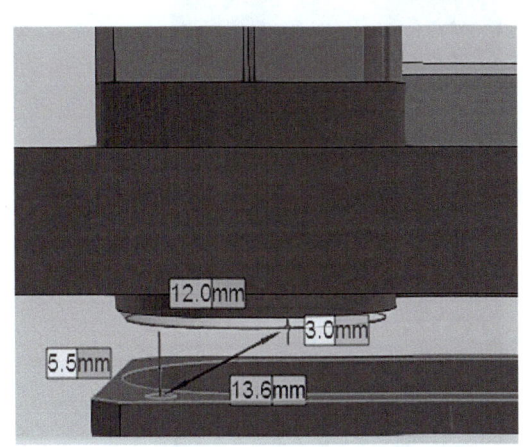

图 3-38　冲压气缸的最大行程测量结果

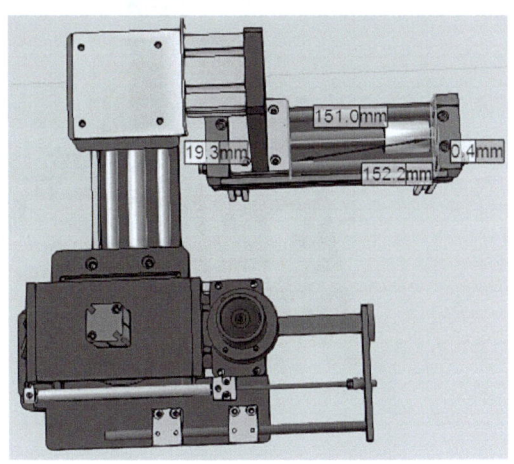

图 3-39　检测气缸的最大行程测量结果

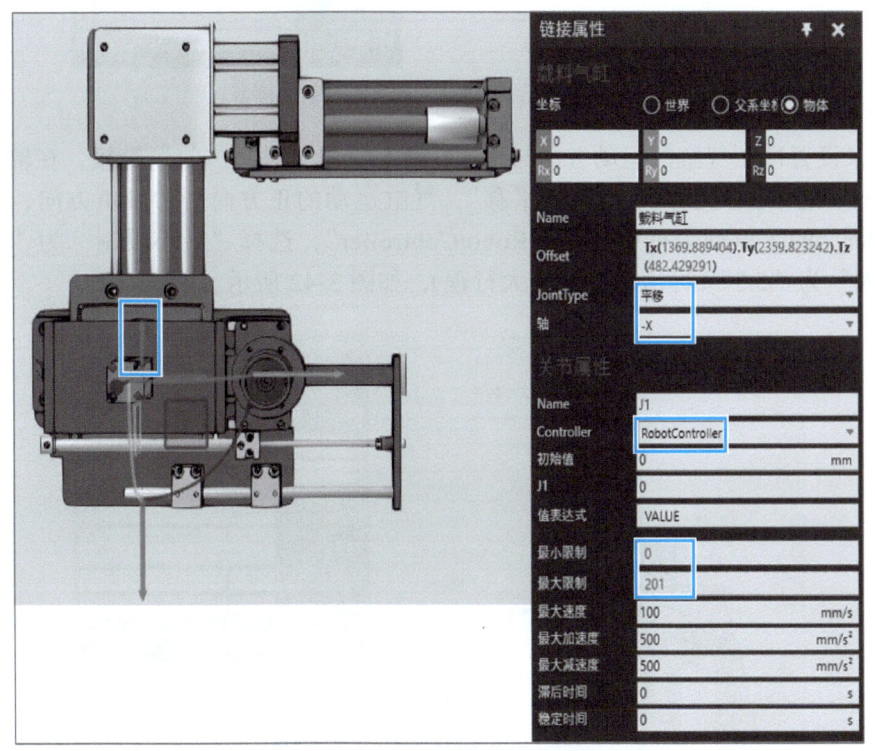

图 3-40　载料气缸的运动方向与最大行程

随后设置推料气缸的运动方向与最大行程。选择"推料气缸"链接，在轴运动方式"JointType"的下拉列表框中选择"平移"，气缸运动的正方向为 Y 轴正方向，在控制器"Controller"的下拉列表框中选择"RobotController"，选择"最小限制"为"0"，选择"最大限制"为"71.1"（推料气缸的最大行程），如图 3-41 所示。

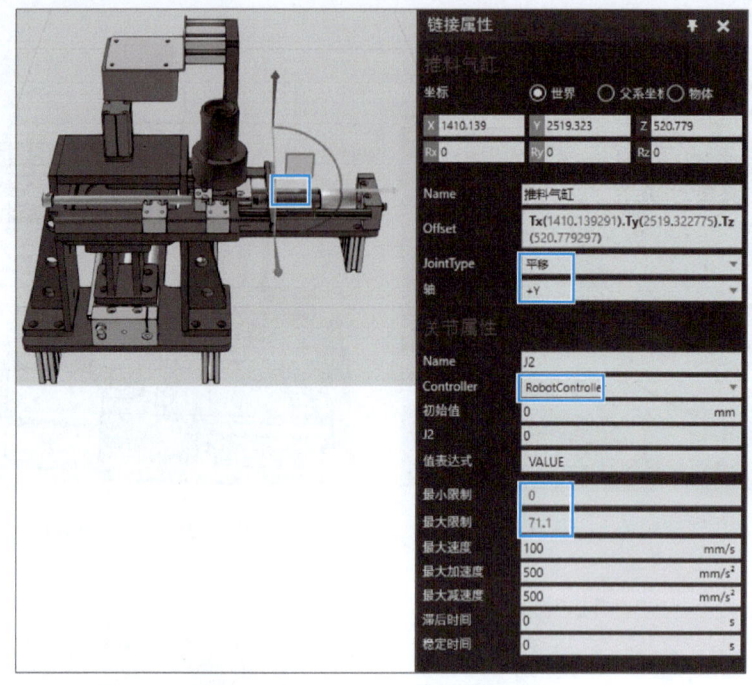

图 3-41 推料气缸的运动方向与最大行程

接下来设置冲压气缸的运动方向与最大行程。选择"冲压气缸"链接，在轴运动方式"JointType"的下拉列表框中选择"平移"，气缸运动的正方向为 Z 轴负方向，在控制器"Controller"的下拉列表框中选择"RobotController"，选择"最小限制"为"0"，选择"最大限制"为"5.5"（冲压气缸的最大行程），如图 3-42 所示。

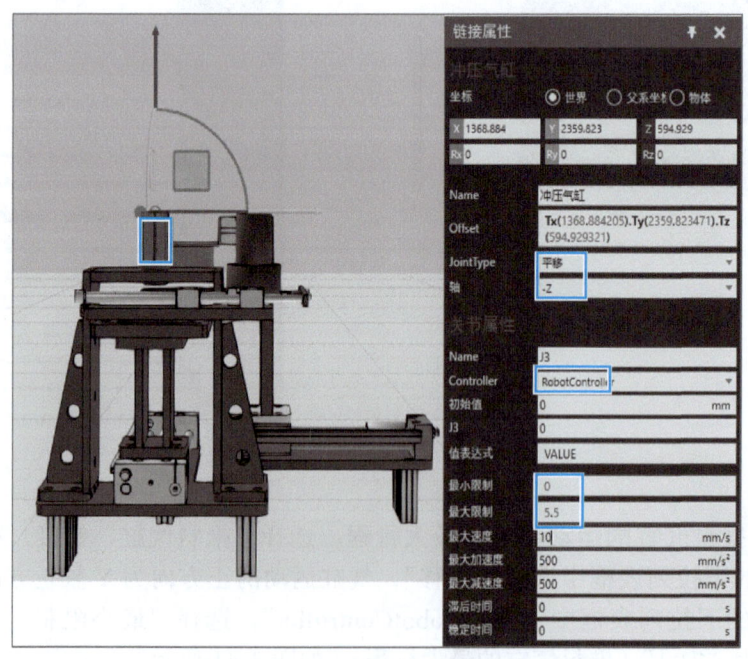

图 3-42 冲压气缸的运动方向与最大行程

项目 3　智能装配单元数字化设计与仿真

最后设置检测气缸的运动方向与最大行程。选择"检测气缸"链接，在轴运动方式"JointType"的下拉列表框中选择"平移"，气缸运动的正方向为 Y 轴正方向，在控制器"Controller"的下拉列表框中选择"RobotController"，选择"最小限制"为"0"，选择"最大限制"为"151"（检测气缸的最大行程），如图 3-43 所示。

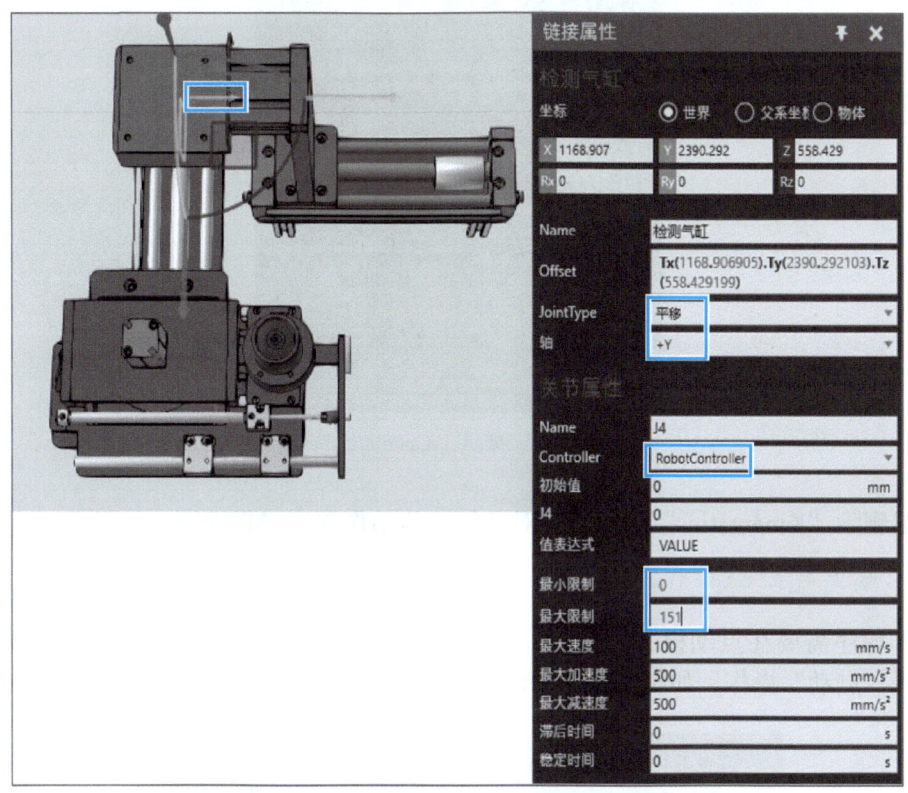

图 3-43　检测气缸的运动方向与最大行程

二、添加动作脚本

完成气缸的运动方向与行程设置后需要为芯片读取装配压合装置添加一个动作脚本，选中"芯片读取装配压合"链接，单击"向导"→"动作脚本"，如图 3-44 所示。

图 3-44　添加动作脚本

添加完动作脚本后，需要在"行为"下面删除运动学"Kinematics"功能，如图3-45所示。

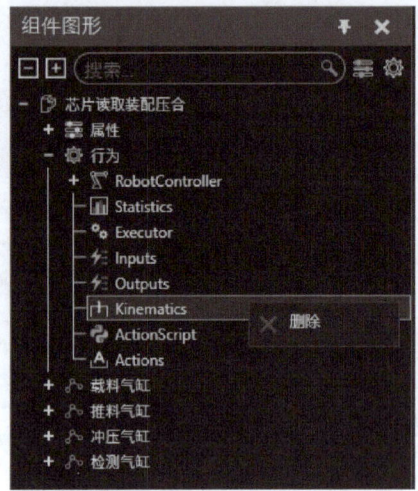

图 3-45　删除"Kinematics"

完成删除"Kinematics"步骤后可对各气缸的动作程序进行编写。

三、编写气缸动作程序

动作程序需要在点动模式下编写，在"程序"菜单项下，选中芯片读取装配压合装置，选择"点动"操作，如图3-46所示。

图 3-46　点动模式

随后根据装置的功能要求，设置每个气缸的初始位置，每个气缸都有对应的运动关节，将关节轴示教位置拖动到初始位置（201，71.1，0，151）。其中载料气缸对应关节J1，推料气缸对应关节J2，冲压气缸对应关节J3，检测气缸对应关节J4。载料气缸的初始位置在检测气缸一侧，冲压气缸和检测气缸保持缩回状态，推料气缸为推出状态，如图3-47所示。

各气缸的第一个动作点P1的位置是初始位置，需单击"点对点运动动作"，把各气缸的初始位置添加到动作点P1，如图3-48所示。

接下来编辑第二个动作点P2，动作二为载料气缸把产品推到冲压气缸下，拖动载料气缸的对应关节J1位置到0，单击"点对点运动动作"把各气缸位置保存到动作点P2，关节位置如图3-49所示。

项目3 智能装配单元数字化设计与仿真

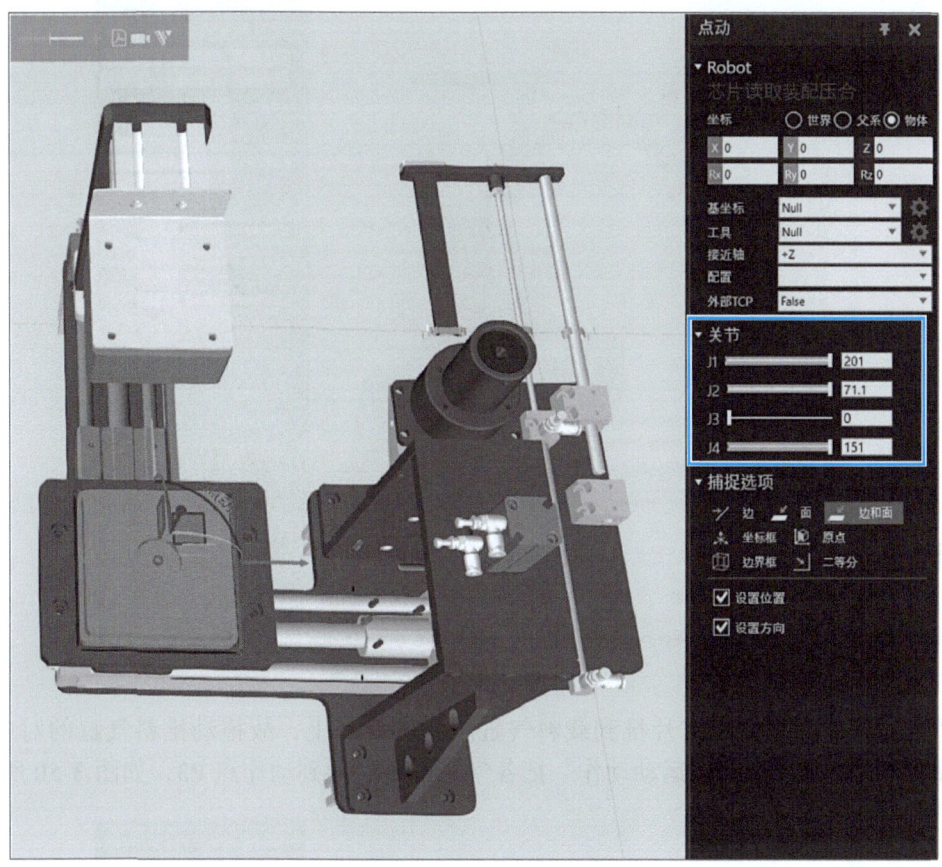

图 3-47 各气缸的初始位置

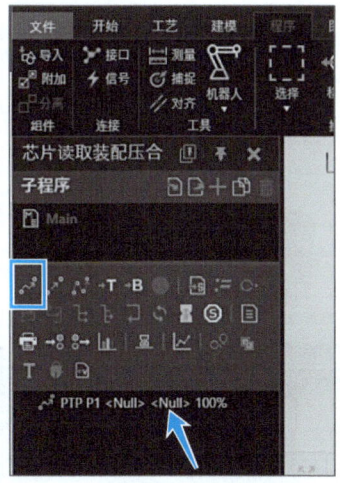

图 3-48 动作—点对点运动动作

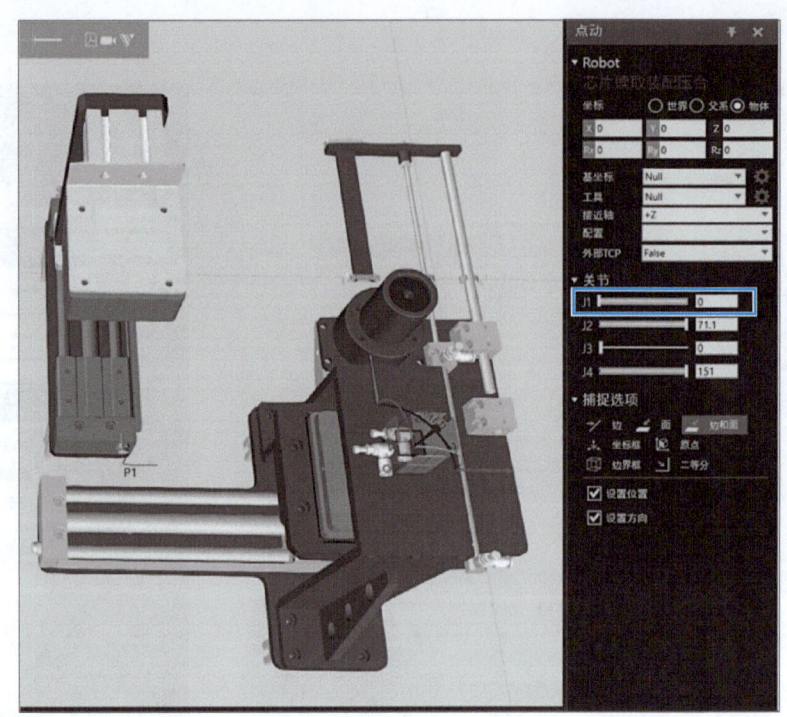

图 3-49 动作二对应关节位置

动作三为推料气缸把芯片推到载料气缸所载的产品上，故拖动推料气缸的对应关节 J2 位置到 0，单击"点对点运动动作"把各气缸位置保存到动作点 P3，如图 3-50 所示。

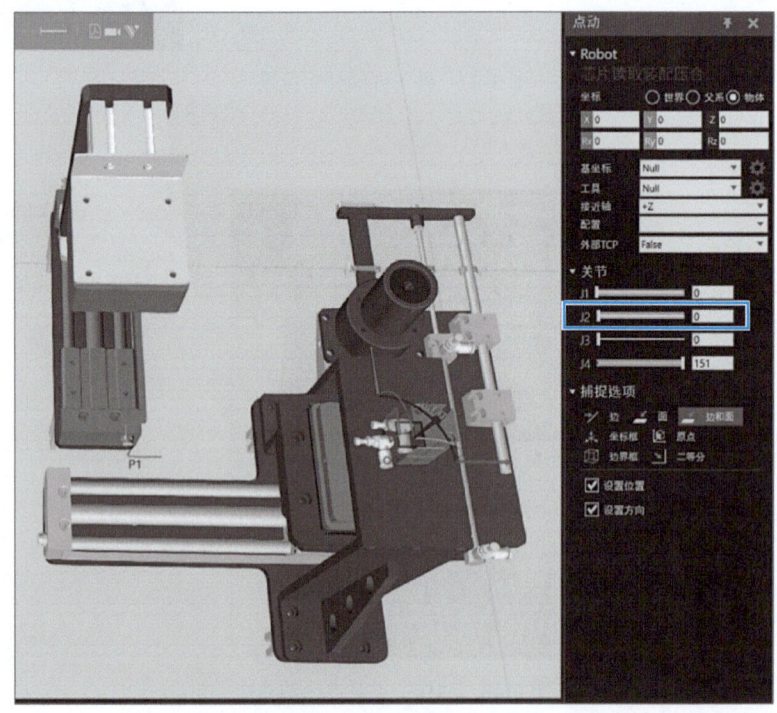

图 3-50 动作三对应关节位置

动作四为冲压气缸把芯片压到工具的圆槽里,拖动冲压气缸的对应关节 J3 位置到 5.5,单击"点对点运动动作"把各气缸位置保存到动作点 P4,如图 3-51 所示。

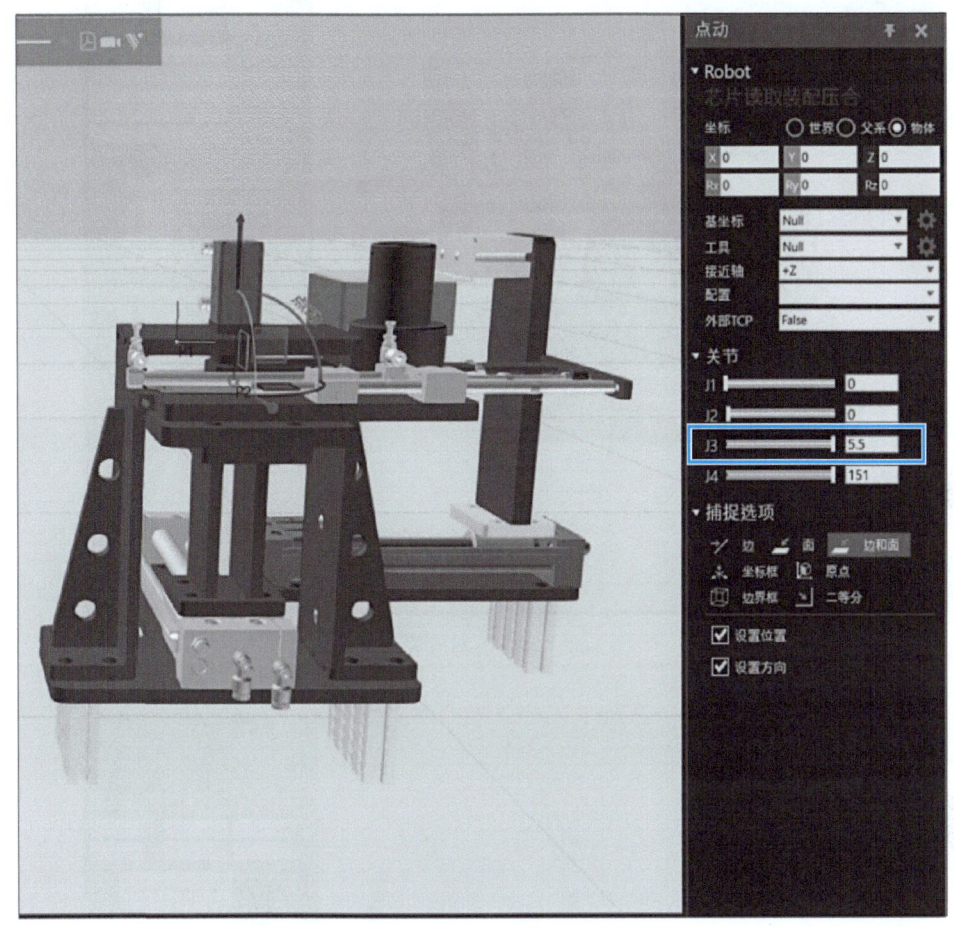

图 3-51　动作四对应关节位置

动作五为冲压气缸缩回动作,拖动冲压气缸的对应关节 J3 位置到 0,单击"点对点运动动作"把各气缸位置保存到动作点 P5,如图 3-52 所示。

动作六为推料气缸缩回动作,拖动推料气缸的对应关节 J2 位置到 71.1,单击"点对点运动动作"把各气缸位置保存到动作点 P6,如图 3-53 所示。

动作七为载料气缸把带芯片的产品推到检测位置,拖动载料气缸的对应关节 J1 位置到 201,单击"点对点运动动作"把各气缸位置保存到动作点 P7,如图 3-54 所示。

动作八为检测气缸把摄像组件推到检测位置,拖动检测气缸的对应关节 J4 位置到 0,单击"点对点运动动作"把各气缸位置保存到动作点 P8,如图 3-55 所示。

动作九为检测气缸缩回动作,故拖动检测气缸的对应关节 J4 位置到 151,单击"点对点运动动作"把各气缸位置保存到动作点 P9,如图 3-56 所示。

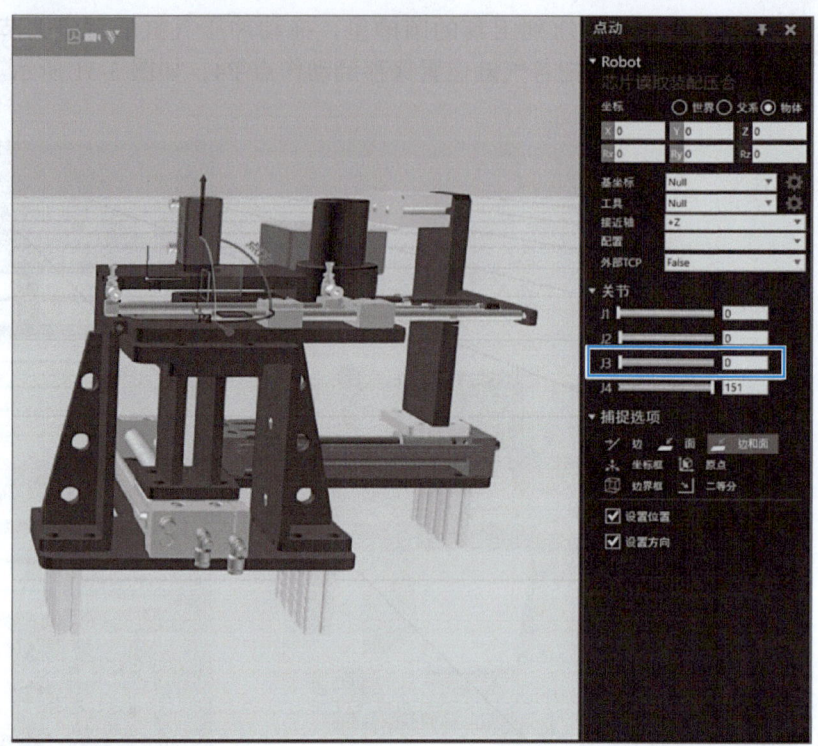

图 3-52 动作五对应关节位置

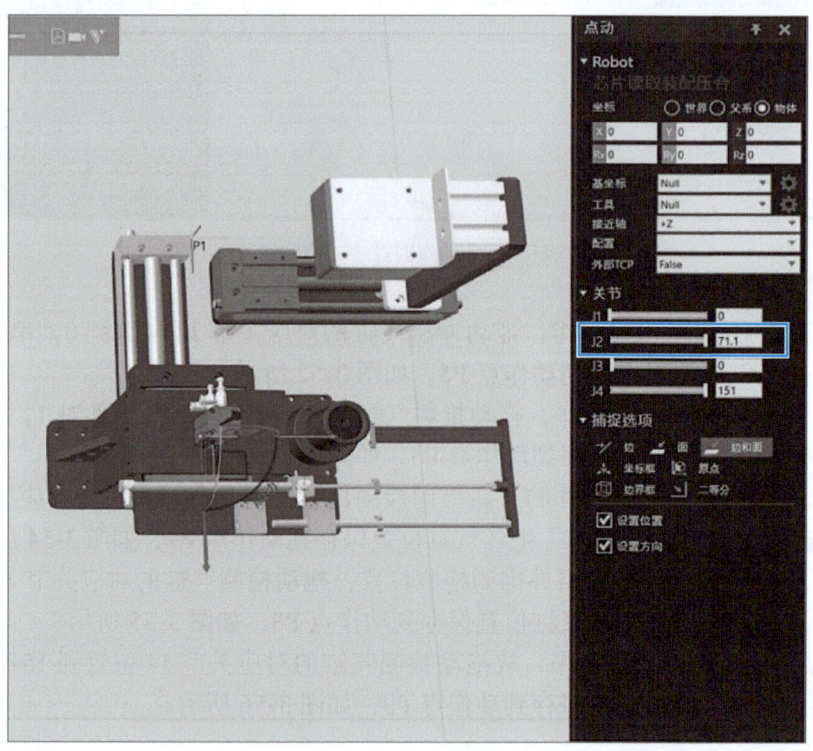

图 3-53 动作六对应关节位置

项目3　智能装配单元数字化设计与仿真

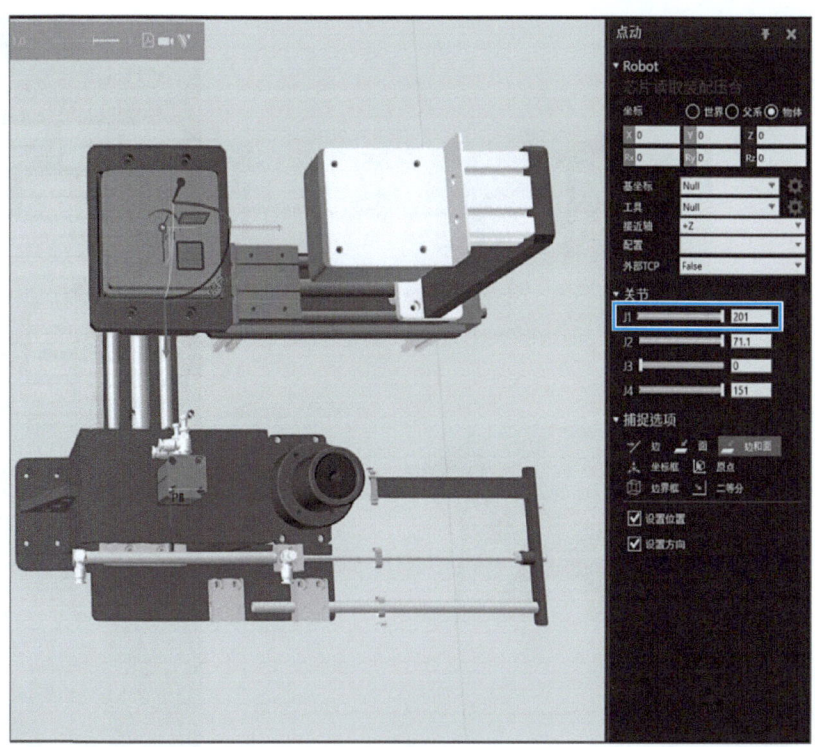

图 3-54　动作七对应关节位置

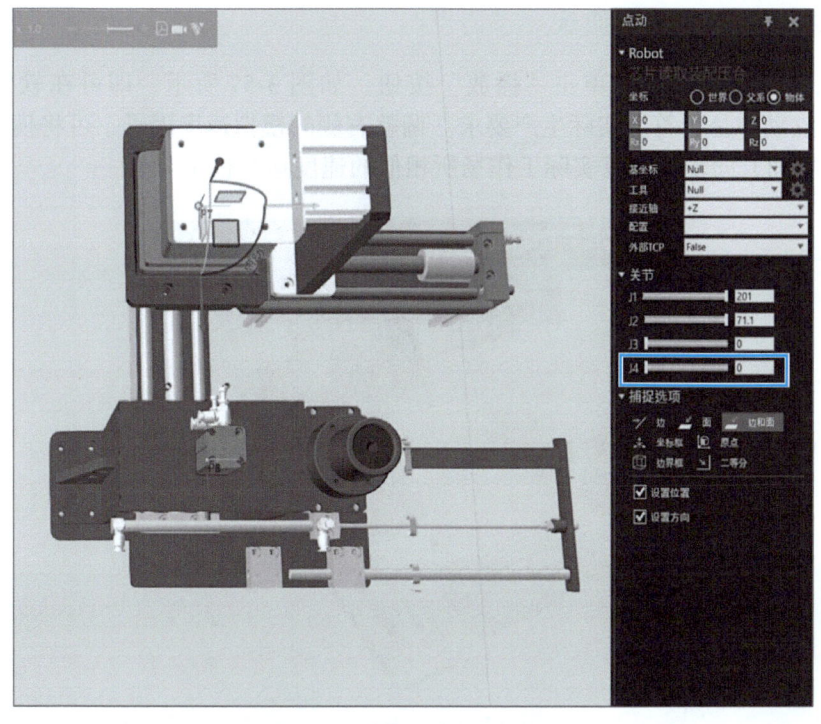

图 3-55　动作八对应关节位置

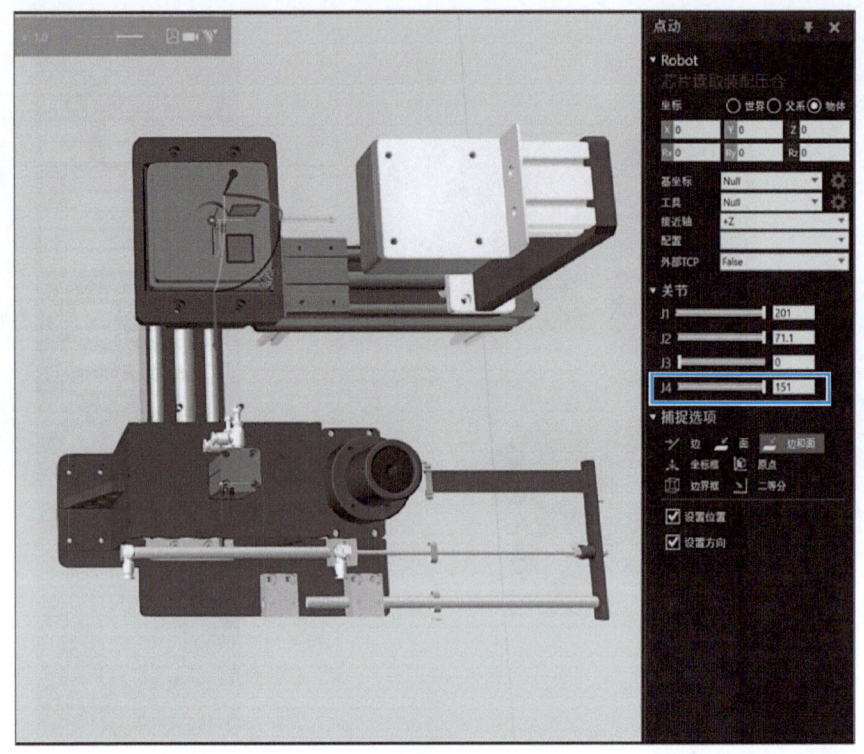

图 3-56 动作九对应关节位置

四、动作程序仿真与调试

编辑完各气缸动作后,单击"播放"按钮,如图 3-57 所示,即可在软件里进行仿真,观察气缸动作是否符合实际生产要求。调整右侧的模拟速度因子,可将模拟时间与腕表(即真实时间)同步,可以实际工作场所相似的速度运行模拟。

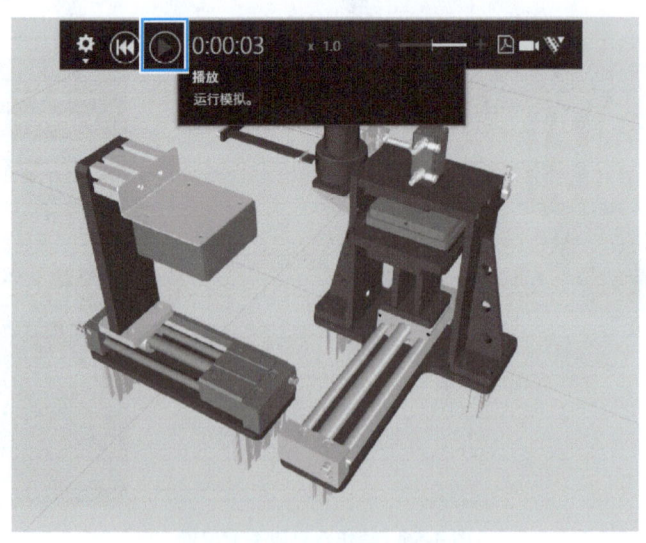

图 3-57 机器人动作程序仿真

评价反馈

在任务完成后需对学生的实施情况进行评价,包括自评、互评和师评三方面,评价表见表 3-4。

表 3-4 评价表

类别	评价内容	分值	评价分数		
			自评	互评	师评
理论	了解 RFID 芯片读取装配压合装置的动作流程	10			
	了解动作脚本的原理	10			
	了解仿真动作流程的编写顺序	10			
技能	能够正确测量气缸行程	15			
	能够为气缸添加动作脚本	10			
	能够正确编写气缸运动程序	25			
	能够完成动作程序的仿真	10			
素养	培养科技创新的精神	4			
	培养精益求精的精神	3			
	培养积极向上、奋勇向前的工作心态	3			

项目 4

智能检测单元数字化设计与仿真

📖 项目概述

在实际的生产过程中，为了检测产品是否符合生产标准，同时提高生产效率，降低成本，常使用传送带运输待检测的产品，针对产品需要获取的检测信息的不同而在传送带的基础上设计安装不同的传感器，从而完成对产品优劣的筛选。本项目的输送线检测单元运用了上述方法，通过传动系统将电动机输出的转矩传递到传送带上，控制传送带的拉力以及运动速度，将产品从初始位置运送到检测位置进行检测。

🗂 知识图谱

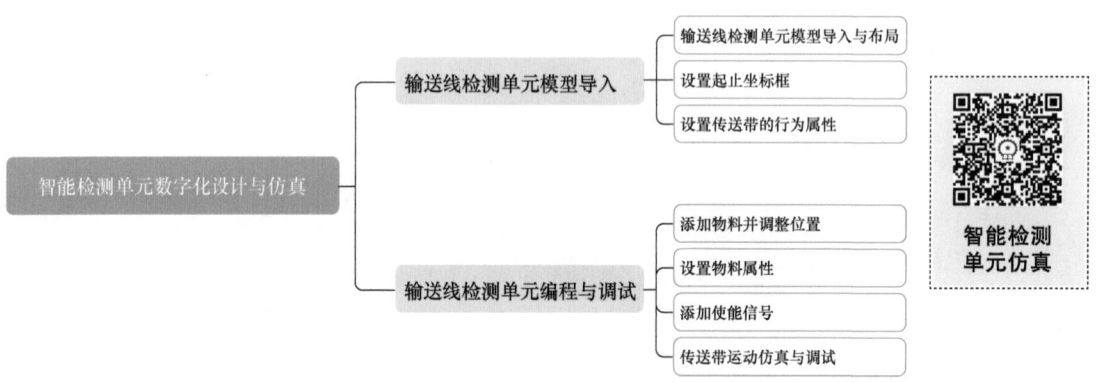

项目 4　智能检测单元数字化设计与仿真

任务 4.1　输送线检测单元模型导入

学习目标

1. 知识目标

1）了解传送带的工作原理。
2）了解各检测模块的功能。
3）了解机器人控制器的原理。

2. 技能目标

1）能够完成输送线模型布局。
2）能够正确设置起止坐标框。
3）能够设置传送带的行为属性。

3. 素养目标

1）养成耐心与细心的工作习惯。
2）培养独立思考的能力。
3）培养严谨、认真和逻辑清晰的科学态度。

任务描述

了解传送带的工作原理以及各个检测模块的功能，掌握机器人控制器的基本原理，了解它与传送带和检测模块的交互方式；完成输送线模型的布局，确保布局符合生产线的实际需求，并且能够正确设置起止坐标，以确保传送带在生产过程中能够准确运行；设置传送带的行为属性，包括速度、方向等参数，以满足不同产品在生产过程中的需求。

工作方案

1. 任务分析

1）输送线检测单元模型导入与布局。
2）设置起止坐标。
3）设置传送带的行为属性。

输送线检测单元的组成如图 4-1 所示。

2. 制定工作计划

根据任务分析，制定出工作计划并填入表 4-1 中。

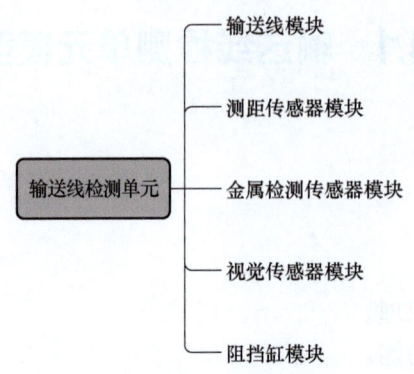

图 4-1 输送线检测单元的组成

表 4-1 工作计划

步骤	工作内容	时间
1		
2		
3		
4		

引导问题

1）输送线检测单元由哪几个模块构成？

_____

_____

_____

2）简述传送带的工作原理。

_____

_____

_____

3）传送带的物理学碰撞器属性是什么？

_____

_____

_____

项目 4　智能检测单元数字化设计与仿真

一、输送线检测单元模型导入与布局

输送线检测单元模型是文件后缀为"vcmx"的仿真模型体，在进行模型仿真动作编程前，需将模型导入。首先导入仿真模型，打开仿真模型文件：选择"文件"→"打开"，如图 4-2 所示。

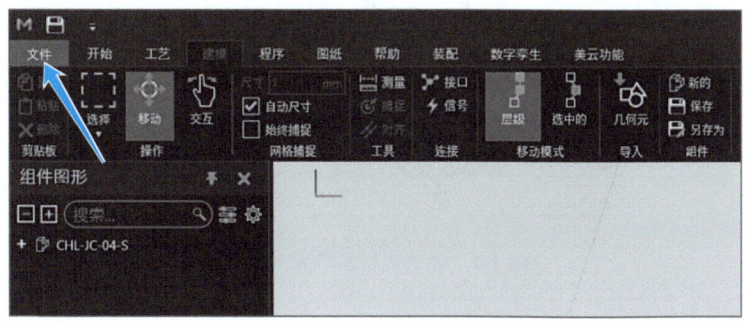

图 4-2　打开仿真模型文件

在"教材配套电子文件"中，选择"项目四　输送线检测单元模型.vcmx"文件，打开模型，如图 4-3 所示。

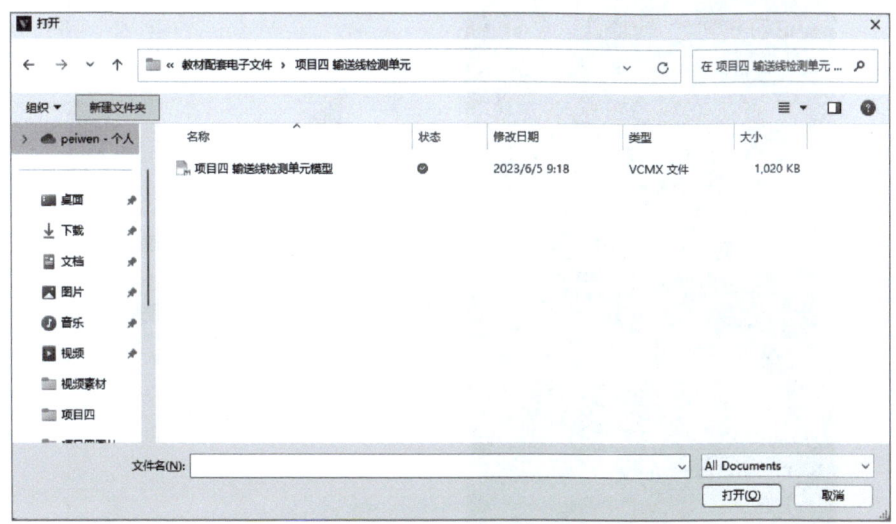

图 4-3　输送线检测单元模型文件

打开的模型如图 4-4 所示。模型打开后先隐藏工作台。输送线检测单元由 5 个主要组件构成，接下来修改组件名称，将"新组建"名称变更为"输送线模块"，"新组建 #2"名称变更为"阻挡缸模块"，"新组建 #3"名称变更为"测距传感器模块"，"新组建 #4"名称变更为"金属检测传感器模块"，"新组建 #5"名称变更为"视觉传感器模块"，如图 4-5 所示。

77

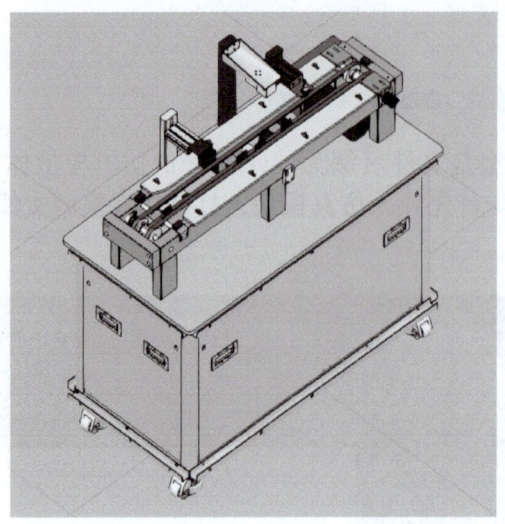

图 4-4 输送线检测单元效果图

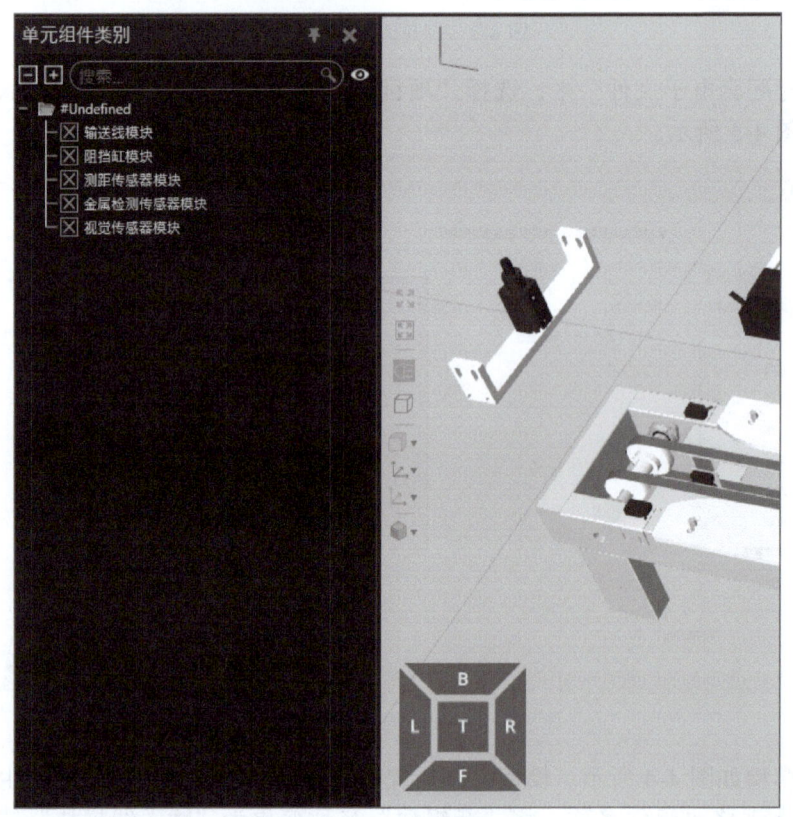

图 4-5 更改组件名称

选择"移动"功能,将视觉传感器模块、测距传感器模块、金属检测传感器模块分别设置在传送带各三分之一处,如图 4-6 所示。

项目 4　智能检测单元数字化设计与仿真

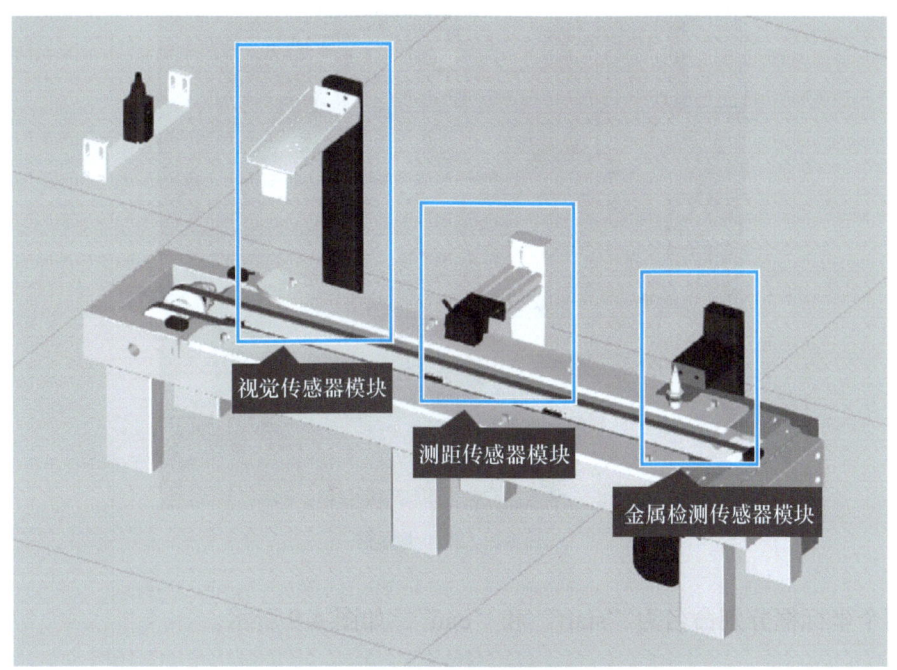

图 4-6　检测组件位置

将阻挡气缸模块移动到测距传感器模块下方，如图 4-7 所示。

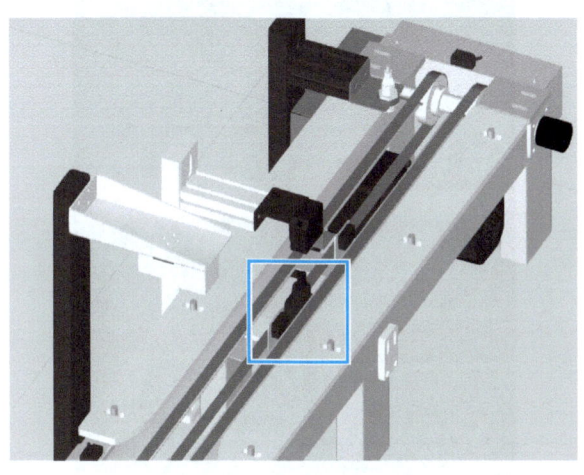

图 4-7　阻挡气缸模块位置

二、设置起止坐标框

完成模型位置设置后，即可设置动作起止坐标框。首先在输送线检测单元模型的"建模"菜单中，选择"特征"功能，接着选择"坐标框"添加两个坐标框，如图 4-8 所示。

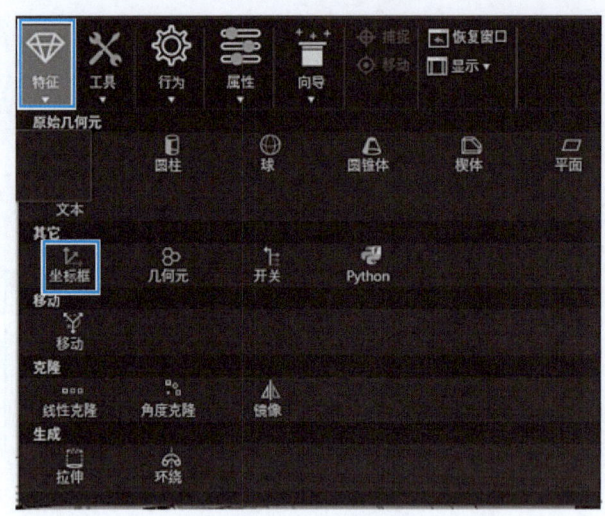

图4-8 添加坐标框

将两个坐标框分别命名为"start"和"end",如图4-9所示。

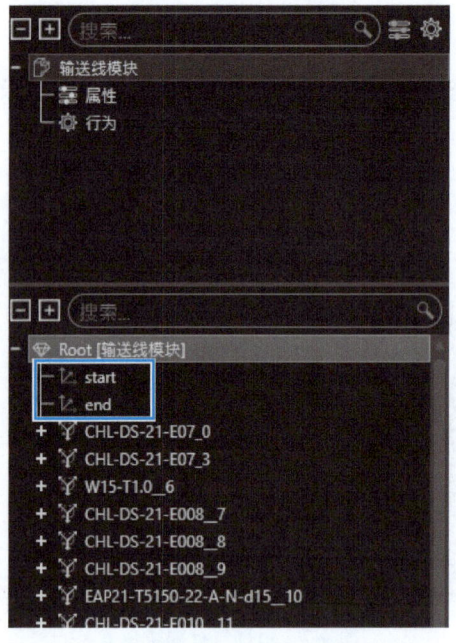

图4-9 更改坐标框名称

选择添加的"start"坐标框,使用"捕捉"工具将坐标框设置到传送带起点的轴中心位置,如图4-10所示。

将"start"坐标轴捕捉到开始坐标后,需将"start"坐标轴旋转到与世界坐标轴相同的方向,在"特征属性"里将"Ry"的角度改为"0",如图4-11所示。

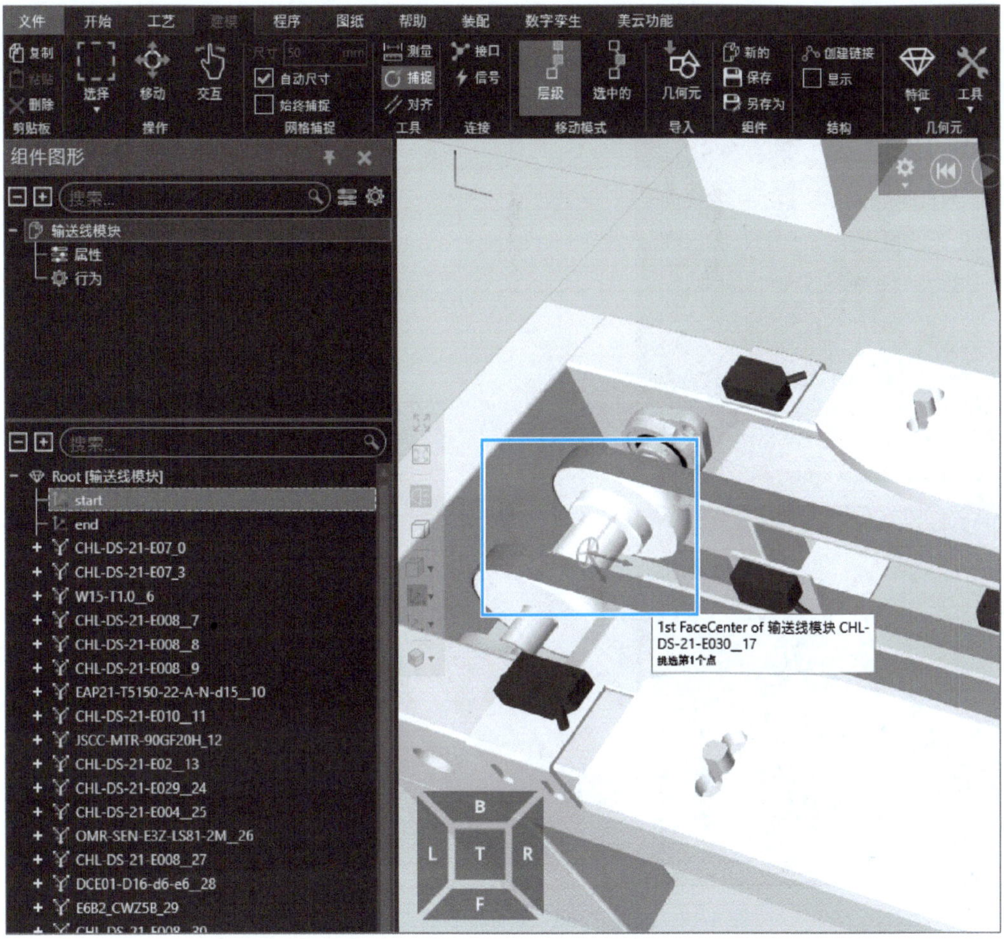

项目 4　智能检测单元数字化设计与仿真

图 4-10　捕捉"start"坐标框到起点的轴中心位置

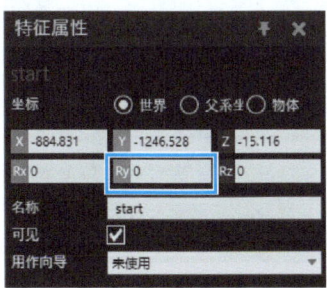

图 4-11　旋转"start"坐标框

选择"end"坐标框，使用"捕捉"工具将坐标框设置到传送带终点的轴中心位置，注意起点与终点需要在同一水平面上，如图 4-12 所示。

将"end"坐标轴旋转到与世界坐标轴相同的方向，在"特征属性"里将"Rx"与"Rz"的角度改为"0"，如图 4-13 所示，完成对起止坐标框的设置。

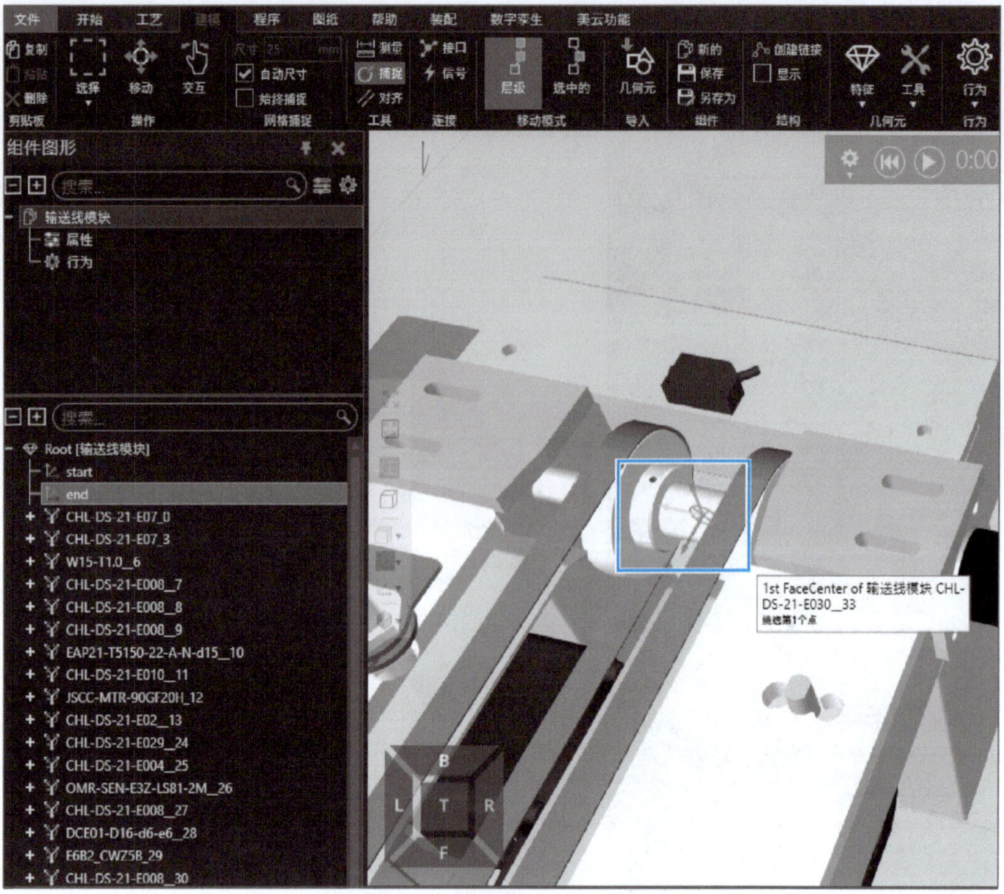

图 4-12 捕捉"end"坐标框到终点的轴中心位置

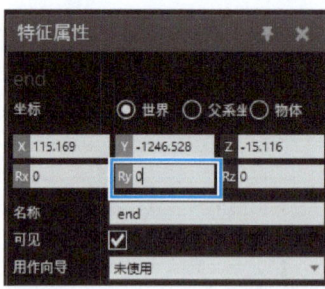

图 4-13 旋转"end"坐标框

三、设置传送带的行为属性

完成起止坐标框设置后,在传送带组件的功能区中选择"行为",添加两个"一对一"接口、一个"一对多"接口、一个"实体"、一个"路径",如图 4-14 所示。

项目4 智能检测单元数字化设计与仿真

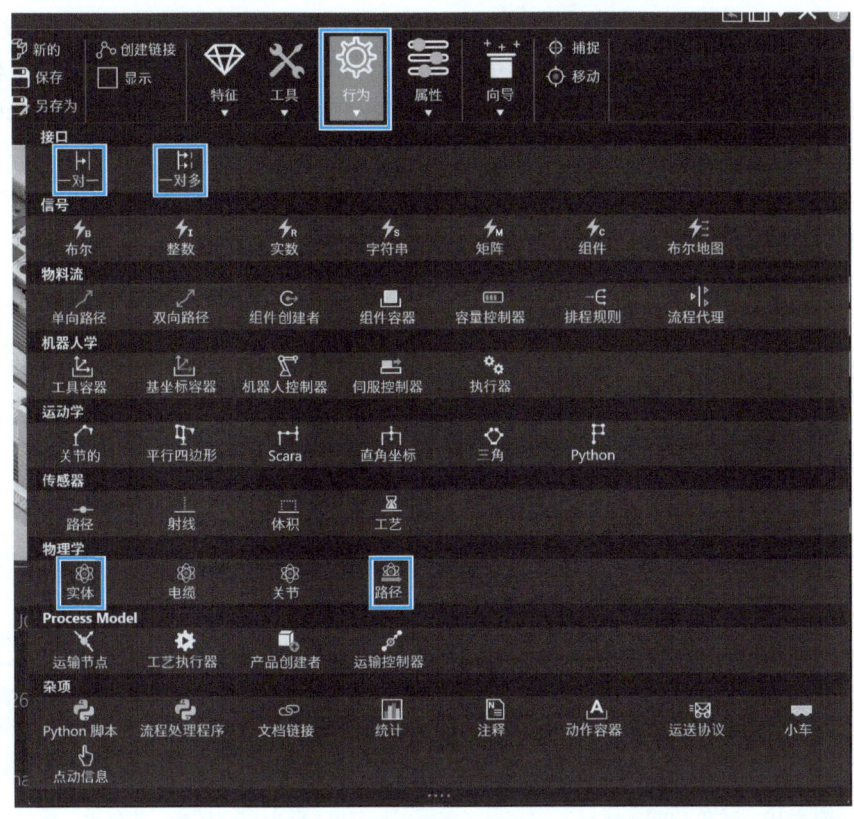

图 4-14 添加行为接口

选择第一个"一对一"接口,将名称命名为"in"。为接口添加一个新节段,将"节段框坐标"设置为"start"。在新节段中添加一个"Flow"的新字段,Flow 字段可理解为一种协议。在 Flow 字段中将容器"Container"设置为"PhysicsPath",即物理路径。将端口名称"PortName"设置为"Input",如图 4-15 所示。

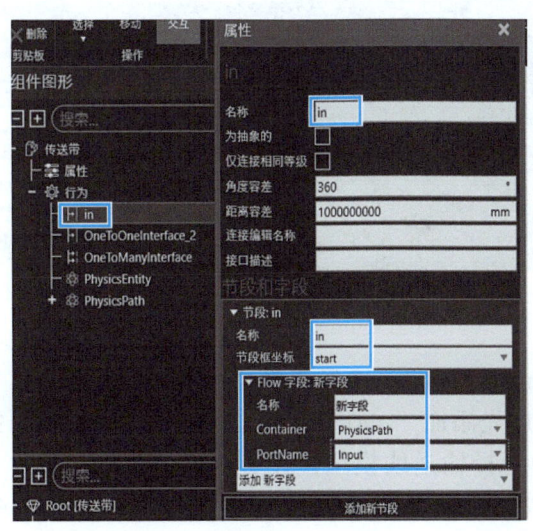

图 4-15 设置"in"接口

83

选择第二个"一对一"接口,将名称命名为"out"。为接口添加一个新节段,将"节段框坐标"设置为"end"。在新节段中添加一个 Flow 的新字段,在 Flow 字段中将容器"Container"设置为"PhysicsPath",将端口名称"PortName"设置为"Output",如图 4-16 所示。

选择"一对多"接口,在"节段:TemplateSection"下添加一个"Processor"的新字段,参数保留原始设置参数,如图 4-17 所示。

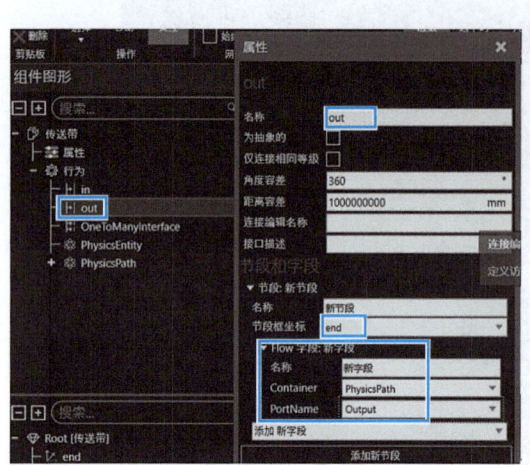

图 4-16 设置"out"接口　　　　　　图 4-17 设置"一对多"接口

接下来为添加的实体"PhysicsEntity"设置物理类型,选择实体"PhysicsEntity",将"物理类型"设置为"# 运动",如图 4-18 所示。

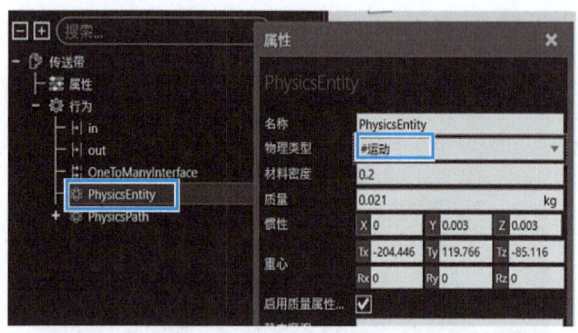

图 4-18 设置实体物理类型

最后设置路径"PhysicsPath",选择路径"PhysicsPath",在"属性"对话框的"路径"下选择"+",按顺序先添加"start",再添加"end",如图 4-19 所示。

在"建模"菜单中选择输送线模块,在右边的"特征属性"中找到"物理学",将"物理学"下的"碰撞器"选择为"#Precise",即精确碰撞,如图 4-20 所示。

项目 4　智能检测单元数字化设计与仿真

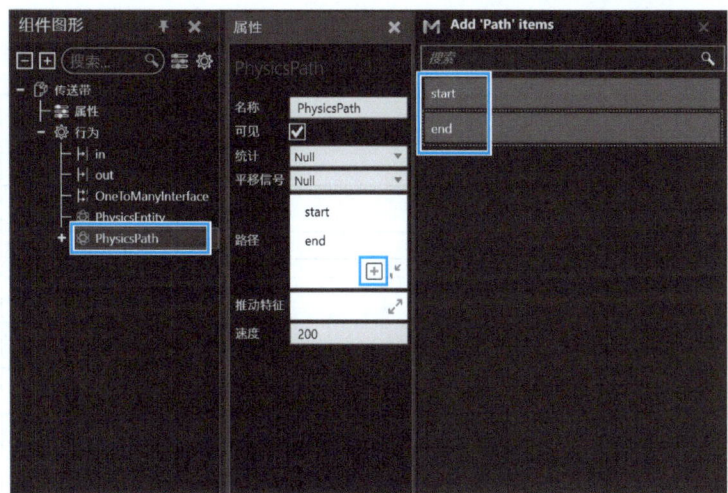

图 4-19　设置路径

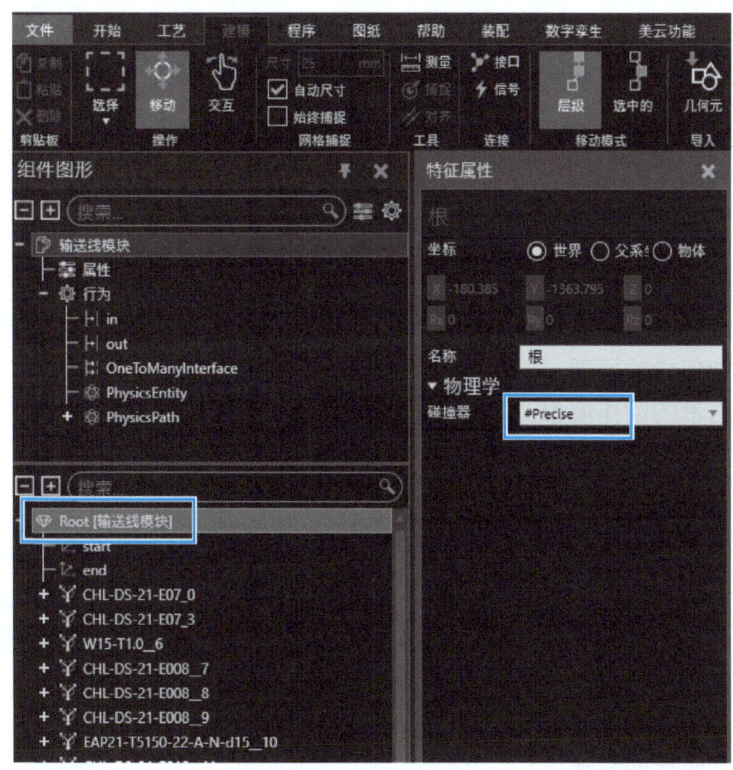

图 4-20　选择碰撞器

评价反馈

在任务完成后需对学生的实施情况进行评价，包括自评、互评和师评三方面，评价表见表 4-2。

表 4-2　评价表

类别	评价内容	分值	评价分数		
			自评	互评	师评
理论	了解传送带的工作原理	10			
	了解各检测模块的功能	10			
	了解机器人控制器的原理	10			
技能	能够完成输送线模型布局	20			
	能够正确设置起止坐标框	20			
	能够设置传送带的行为属性	20			
素养	养成耐心与细心的工作习惯	4			
	培养独立思考的能力	3			
	培养严谨、认真和逻辑清晰的科学态度	3			

任务 4.2　输送线检测单元编程与调试

学习目标

1. 知识目标

1）了解物理学碰撞器的原理。
2）了解使能信号的原理。
3）了解传送带的动作流程。

2. 技能目标

1）能够正确添加物料。
2）能够正确设置物料属性。
3）能够正确添加使能信号。
4）能够完成传送带动作的仿真。

3. 素养目标

1）培养独立思考的能力。
2）培养团结协作的精神。
3）培养不断追求新事物、永不放弃的精神。

任务描述

了解使能信号的原理，即如何通过信号来控制传送带系统的运行；学习传送带的动作流程，包括传送带起动、停止等基本动作；掌握正确添加物料到传送带上的方法，并能够

项目 4　智能检测单元数字化设计与仿真

正确设置物料的属性；掌握正确添加使能信号的方法，以控制传送带系统的运行；完成传送带动作的仿真，验证传送带系统的运行是否符合预期。

工作方案

1. 任务分析

1）添加物料并调整位置。
2）设置物料属性。
3）添加使能信号。
4）传送带运动仿真与调试。

2. 制定工作计划

根据任务分析，制定出工作计划并填入表 4-3 中。

表 4-3　工作计划

步骤	工作内容	时间
1		
2		
3		
4		

引导问题

1）什么是物理学碰撞器？
_____
_____
_____

2）物料的位置设置有什么要求？
_____
_____
_____

3）传送带的使能信号是什么类型？
_____
_____
_____

一、添加物料并调整位置

在"开始"菜单的"电子目录"中选择"按类型的模型"→"Basic Shapes",把几何方块"Block Geo"用鼠标左键拖动到世界中,如图 4-21 所示。

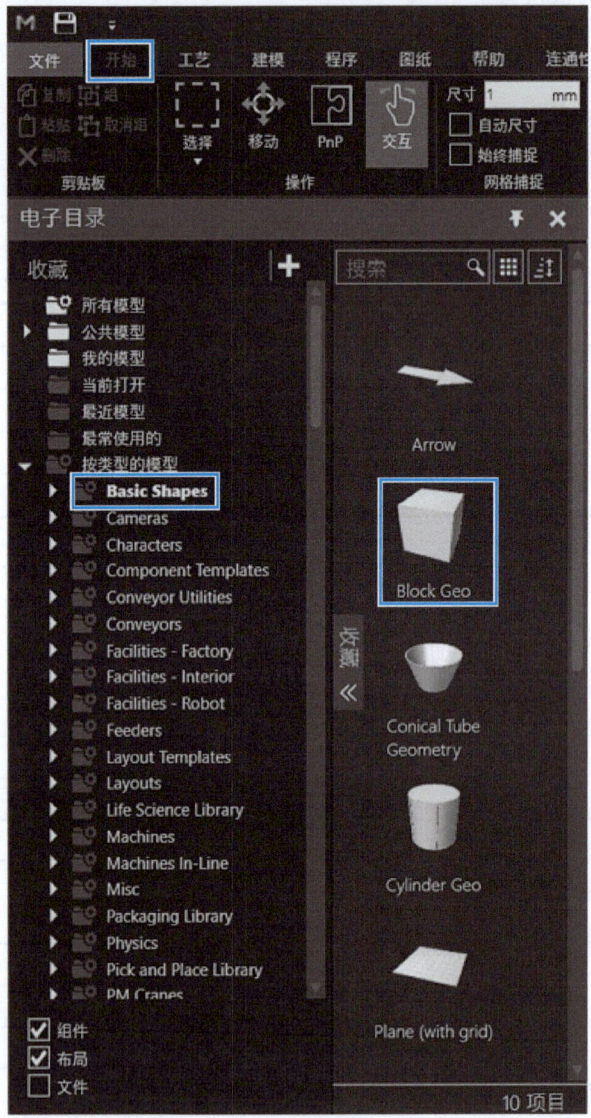

图 4-21 添加物料

在添加的几何方块"Block Geo"的"组件属性"中将 Z 轴高度"Height_Z"设置为"40mm",X 轴长度"Length_X"设置为"80mm",Y 轴宽度"Width _Y"设置为"80mm",如图 4-22 所示。

项目 4　智能检测单元数字化设计与仿真

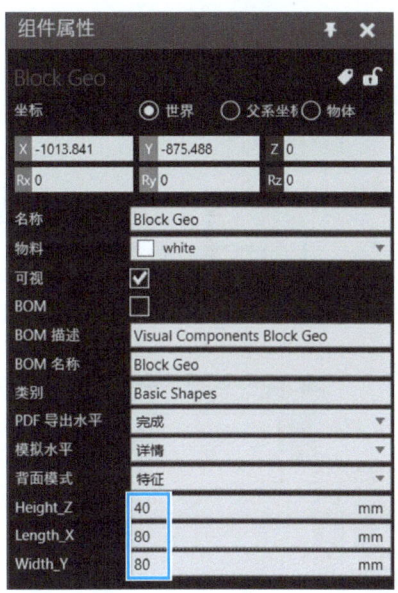

图 4-22　设置物料大小

完成物料大小设置后，需将物料移动到传送带起始位置上方。在"开始"菜单中选择"T"视角，单击"移动"功能按钮，拖动 X 轴与 Y 轴方向箭头，将物料拉到传送带起始位置，物料中心需与传送带中心轴位置重叠，以使物料能准确地落在传送带中间，如图 4-23 所示。

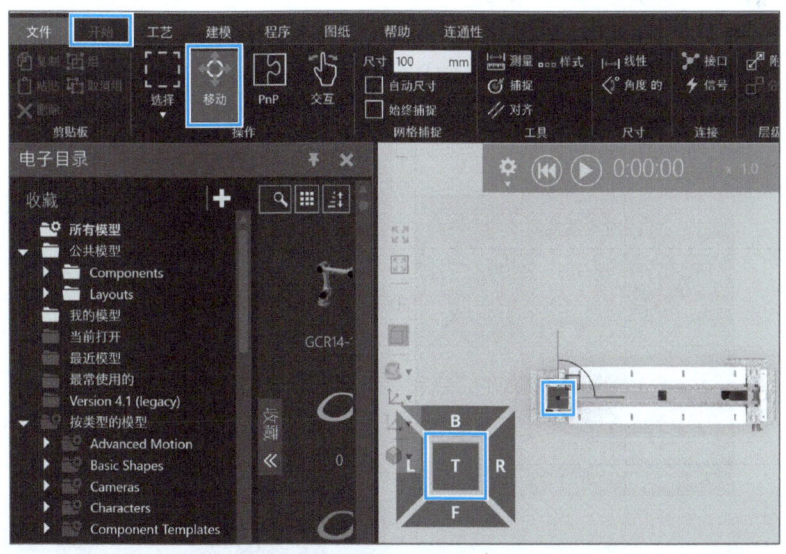

图 4-23　设置物料 X、Y 平面位置

接下来调整物料下落高度，选择"F"视角，将物料拉升到图 4-24 所示位置，仿真开始后物料即可从此高度下落到传送带上。

89

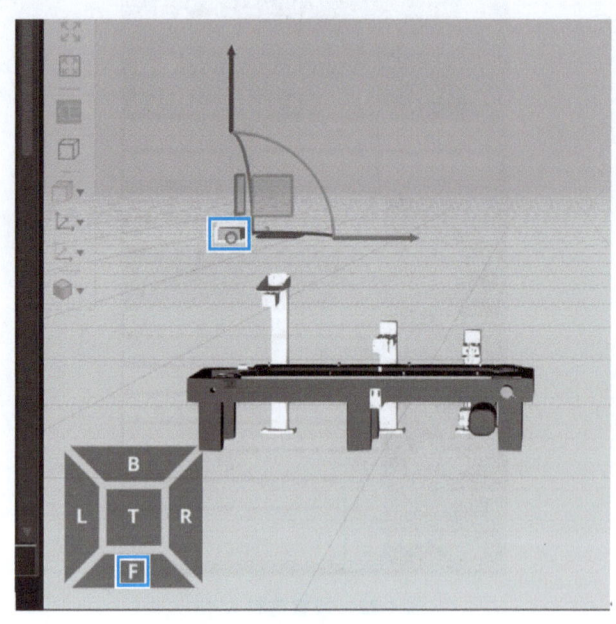

图 4-24　设置物料下落高度

二、设置物料属性

在"建模"菜单中选择几何方块组件"Block Geo",在"行为"功能区中的"物理学"下选择"实体",如图 4-25 所示。

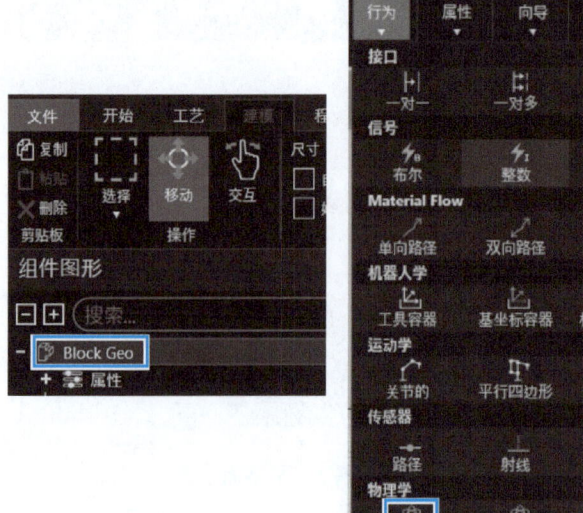

图 4-25　为物料添加物理学实体

选择添加的物理实体"PhysicsEntity",在"属性"中将"物理类型"选择为"#物理学内"。"物理学内"类型可赋予物料重力,物料在仿真过程中遵循物理学的自由落体概念,能自由下落到平面上,如图4-26所示。

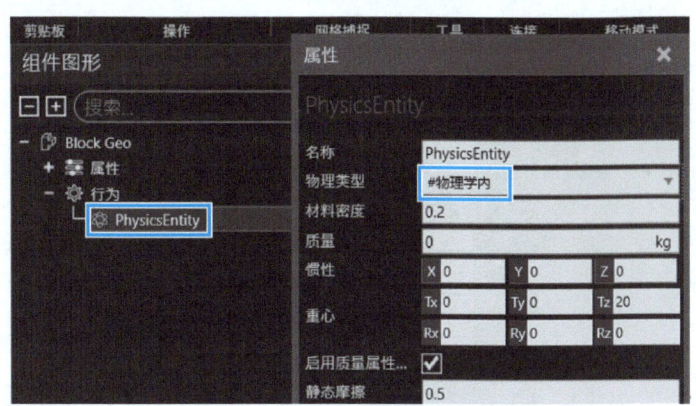

图4-26　更改物料的物理类型

在几何方块的根目录"Root[Block Geo]"中选择块"Block",在"特征属性"中将"物理学"下的"碰撞器"选择为精确的"#Precise",即仿真过程中计算实体与实体碰撞的方式为精确碰撞,如图4-27所示。

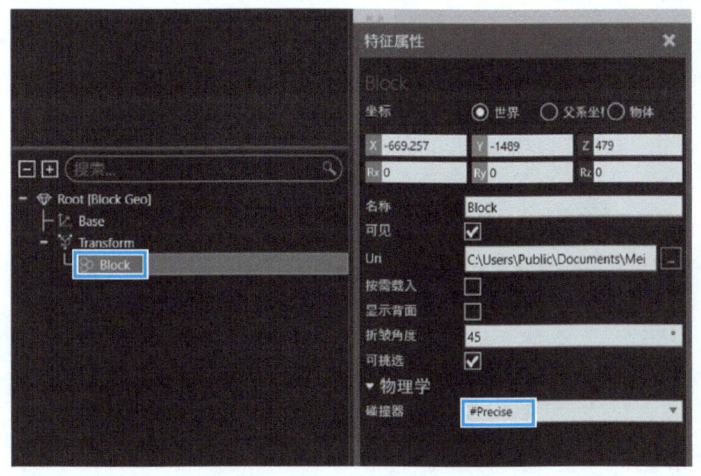

图4-27　设置物料的碰撞类型

三、添加使能信号

完成物料属性设置后需要为传送带添加使能信号,在"建模"菜单中选中"输送线模块"组件,在"行为"功能区中单击"布尔",为传送带添加一个布尔信号,如图4-28所示。

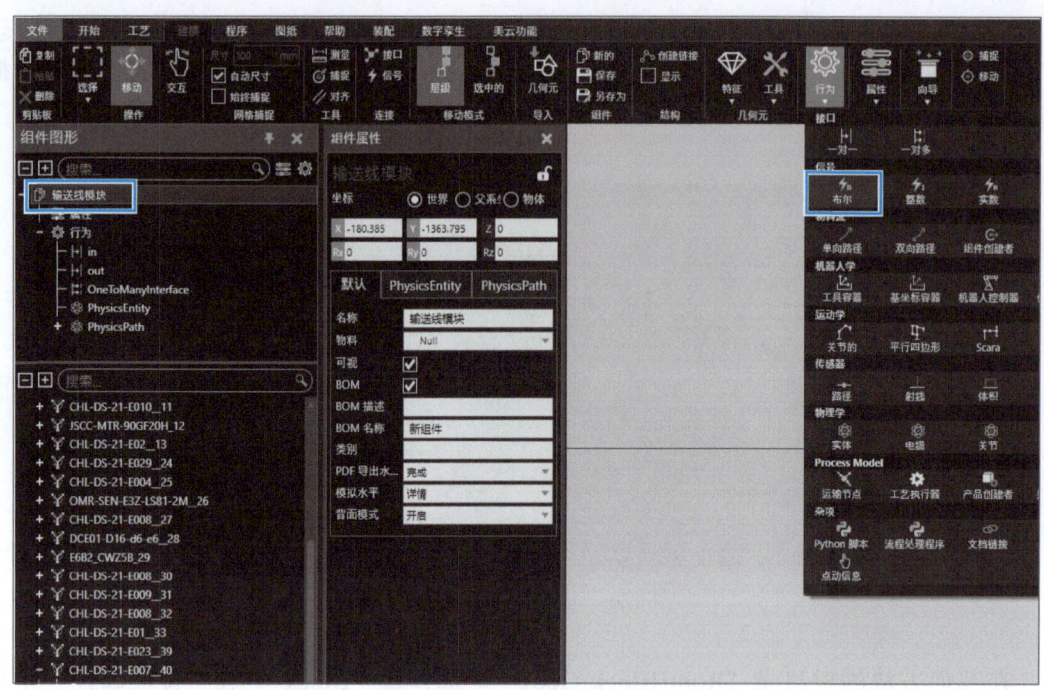

图 4-28 添加布尔信号

接着更改信号名称与路径，在新添加信号的"属性"中，把信号的"名称"改为"使能信号"，在"连接"下单击"+"，添加一个物理路径"PhysicsPath"，如图 4-29 所示。

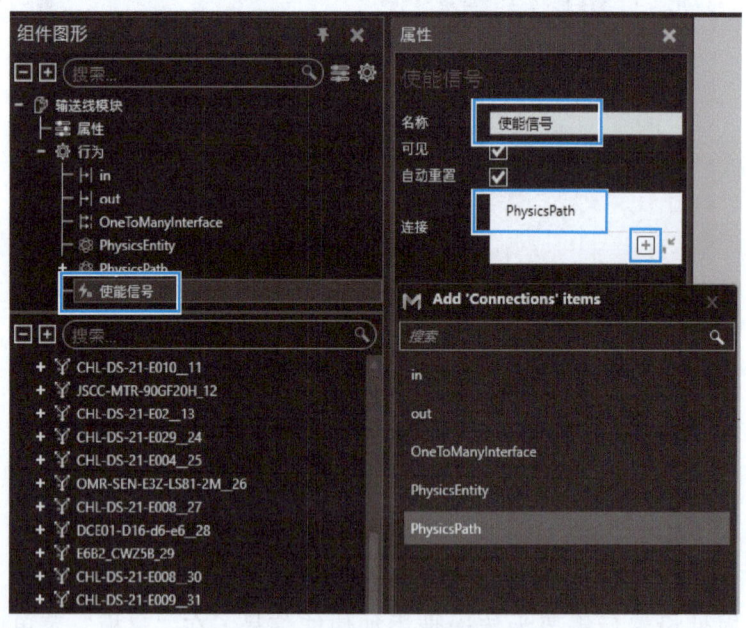

图 4-29 更改信号名称与添加物理路径

然后为物理路径 PhysicsPath 添加平移信号，使其与使能信号连接。在物理路径"PhysicsPath"的"属性"中，选择"平移信号"为"使能信号"，如图 4-30 所示。

项目 4 智能检测单元数字化设计与仿真

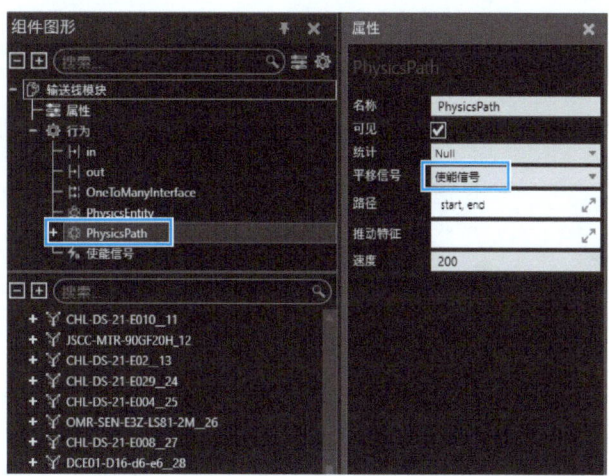

图 4-30 为物理路径添加平移信号

四、传送带运动仿真与调试

在"建模"菜单中选择"输送线模块",单击"信号"命令即可看到组件的使能信号图标,如图 4-31 所示。

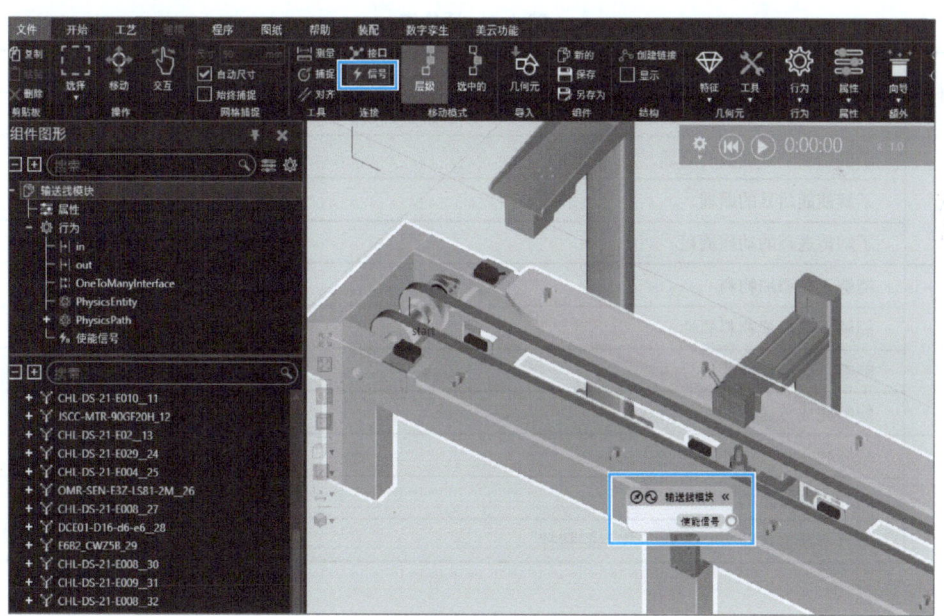

图 4-31 输送线模块的信号功能

单击播放键开始仿真,如图 4-32 所示。

单击"使能信号"可切换信号输出值,此信号为布尔信号,输出值在 0～1 之间直接切换,通过切换输出值来控制传送带起停,如图 4-33 所示。开始仿真后,观察物料运动路线是否与传送带路径一致,如果不一致,需调整物料位置后再进行仿真。

智能生产线数字化设计与仿真

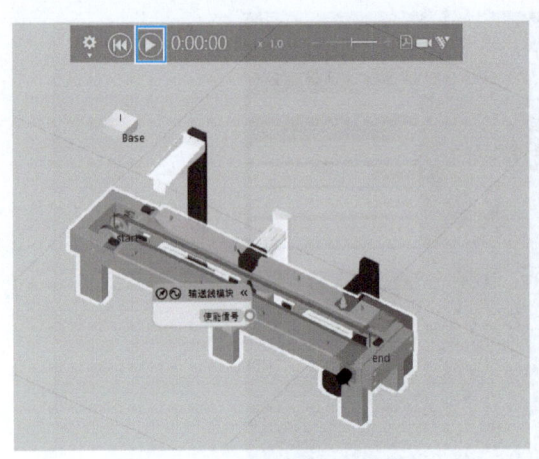

图 4-32 单击播放键开始仿真

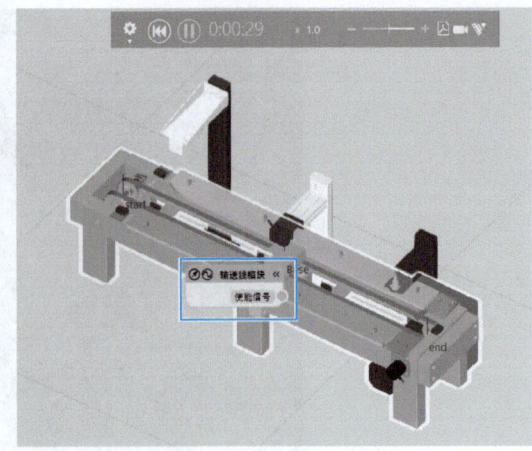

图 4-33 开启使能信号

评价反馈

在任务完成后需对学生的实施情况进行评价，包括自评、互评和师评三方面，评价表见表 4-4。

表 4-4 评价表

类别	评价内容	分值	评价分数		
			自评	互评	师评
理论	了解物理学碰撞器的原理	10			
	了解使能信号的原理	10			
	了解传送带的动作流程	10			
技能	能够正确添加物料	15			
	能够正确设置物料属性	15			
	能够正确添加使能信号	15			
	能够完成传送带动作的仿真	15			
素养	培养独立思考的能力	4			
	培养团结协作的精神	3			
	培养不断追求新事物、永不放弃的精神	3			

项目 5

执行单元数字化设计与仿真

项目概述

本项目针对实际生产中的取料与上下料需求，学习二轴龙门取料手与轨式上下料机器人的模拟仿真，以加深对生产环节中物料搬运移动方式的理解。二轴龙门取料手装置采用两条伺服直线导轨互相垂直式设计，直线导轨有非常高的额定负载，同时可以承担一定的扭矩，可在高负载的情况下实现高精度的直线运动，并能在行程内实现横向或纵向移动，搭配合适的工作工具（例如吸盘、夹爪），可将物料抓取至行程范围内的任意位置。

轨式上下料机器人主要用于大范围的取料环节，采用导轨带动工业机器人按指定路线进行移动，从而扩大机器人的作业半径，扩展机器人使用范围，进一步提高机器人使用效率，降低机器人使用成本，实现全面自动化生产。在实际生产应用中，普通的上下料生产流程使用导轨式机器人参与生产较为常见。

知识图谱

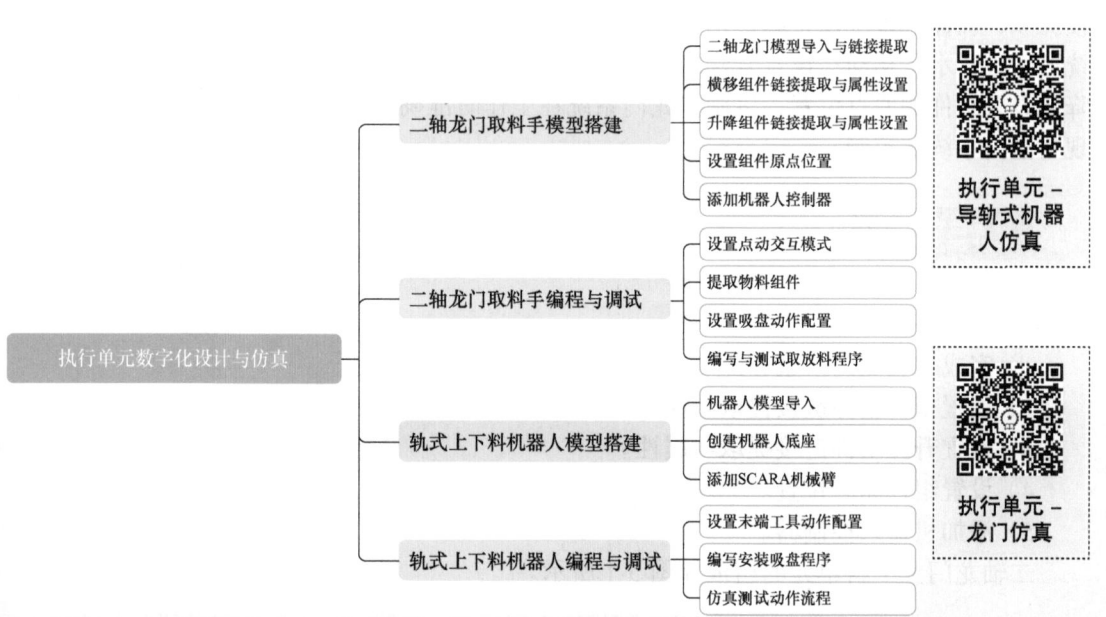

任务 5.1　二轴龙门取料手模型搭建

学习目标

1. 知识目标

1）了解二轴龙门上下料单元的组成。
2）了解组件与链接的关系。
3）了解坐标框的放置原理。

2. 技能目标

1）能够完成二轴龙门模型导入与链接提取。
2）能够正确设置横移组件链接提取与属性。
3）能够正确设置升降组件链接提取与属性。
4）能够正确设置组件原点位置。
5）能够正确添加机器人控制器。

3. 素养目标

1）培养严格执行规范的职业精神。
2）培养科学、客观、严谨的思考方式。
3）培养善于总结、勤于归纳的学习习惯。

任务描述

了解组件之间的链接关系，以及如何正确放置坐标框；完成二轴龙门模型的导入与链接提取，确保模型可以正确识别和连接；设置横移组件的链接提取与属性，以确保龙门系统可以进行水平移动；设置升降组件的链接提取与属性，以确保龙门系统可以进行垂直升降；设置组件的原点位置，以确保龙门系统在工作时准确定位；添加机器人控制器，以实现对龙门系统的控制。

工作方案

1. 任务分析

1）完成二轴龙门模型导入与链接提取。
2）设置横移组件链接提取与属性。
3）设置升降组件链接提取与属性。
4）设置组件原点位置。
5）添加机器人控制器。

二轴龙门上下料单元的组成如图 5-1 所示。

项目 5 执行单元数字化设计与仿真

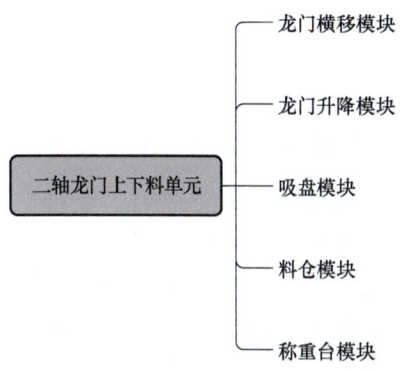

图 5-1 二轴龙门上下料单元的组成

2. 制定工作计划

根据任务分析，制定出工作计划并填入表 5-1 中。

表 5-1 工作计划

步骤	工作内容	时间
1		
2		
3		
4		

引导问题

1）二轴龙门上下料单元由哪几个模块构成？

2）简述"链接属性"中"JointType"的种类。

3）组件原点设置在什么位置较为合理？

任务实施

一、二轴龙门模型导入与链接提取

首先导入仿真模型,打开仿真模型文件:选择"文件"→"打开",在"教材配套电子文件"中,选择"项目五 二轴龙门上下料模型.vcmx"文件,打开模型,打开完成后的效果图如图 5-2 所示,二轴龙门上下料单元由 5 个模块构成。

接下来提取组件链接,首先隐藏工作台,并在"建模"菜单中,用"选择"功能框选龙门气缸部分,也可以按住 <Ctrl> 键用鼠标左键将龙门气缸部分选中,如图 5-3 所示。

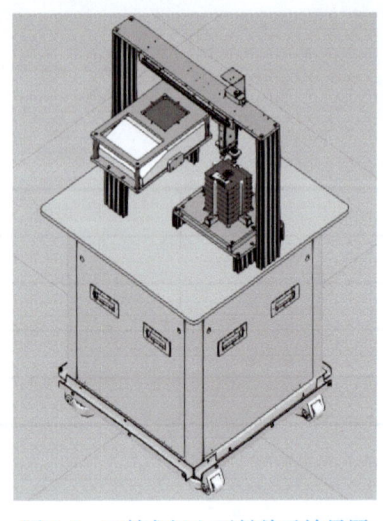
图 5-2 二轴龙门上下料单元效果图

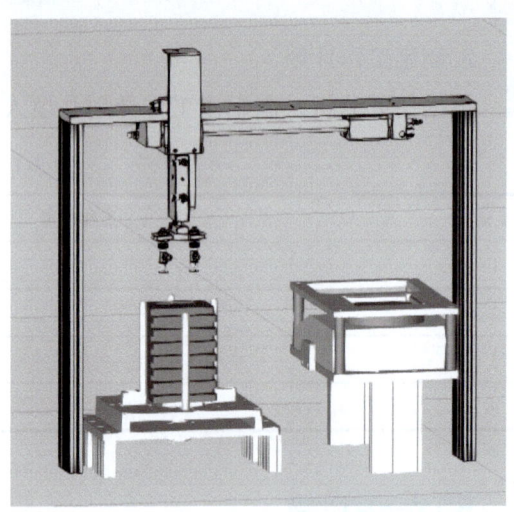
图 5-3 龙门气缸组件选择

在"工具"功能区中单击"提取"下的"组件",如图 5-4 所示。

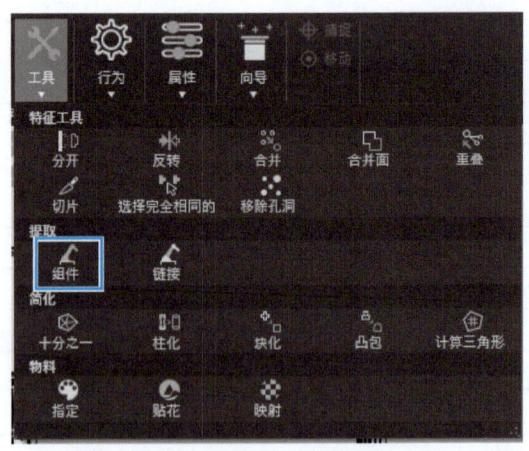
图 5-4 提取龙门气缸组件

接下来在"龙门气缸"的"组件属性"中,将"名称"更改为"龙门气缸",如图 5-5 所示。

项目 5　执行单元数字化设计与仿真

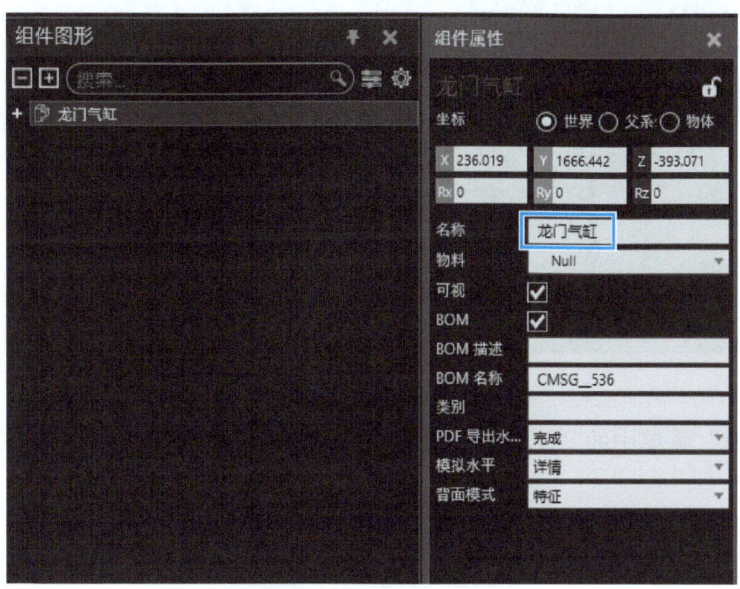

图 5-5　更改龙门气缸的组件名称

二、横移组件链接提取与属性设置

首先提取龙门气缸横移组件链接,在"建模"菜单中,用"选择"功能框选龙门气缸横移部分,也可以按住 <Ctrl> 键用鼠标左键将龙门气缸横移部分选中,如图 5-6 所示。

在"工具"功能区中单击"提取"下的"链接",如图 5-7 所示。

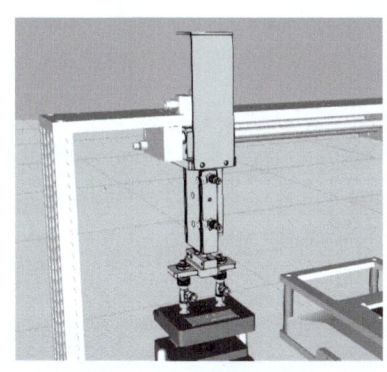

图 5-6　龙门气缸横移部分

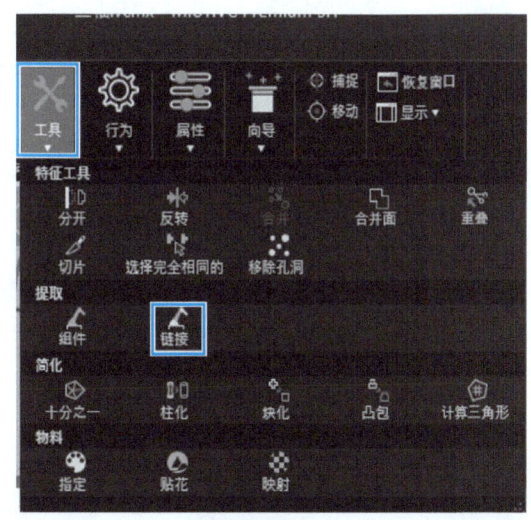

图 5-7　提取组件链接

将提取的链接"Link_1"的"链接属性"的名称"Name"改为"龙门横移",将关节类型"JointType"改为"平移",将"轴"改为"-Y",如图 5-8 所示。

99

图 5-8 "龙门横移"的"链接属性"设置

使用"建模"菜单中的"测量"工具,测量龙门横移的最大限值,如图 5-9 所示。

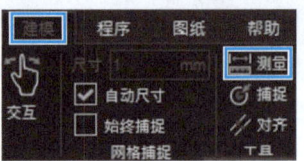

图 5-9 龙门横移测量功能

分别单击龙门横移气缸最左侧与最右侧,测量得出龙门横移的最大横移距离为 296.0mm,如图 5-10 所示。

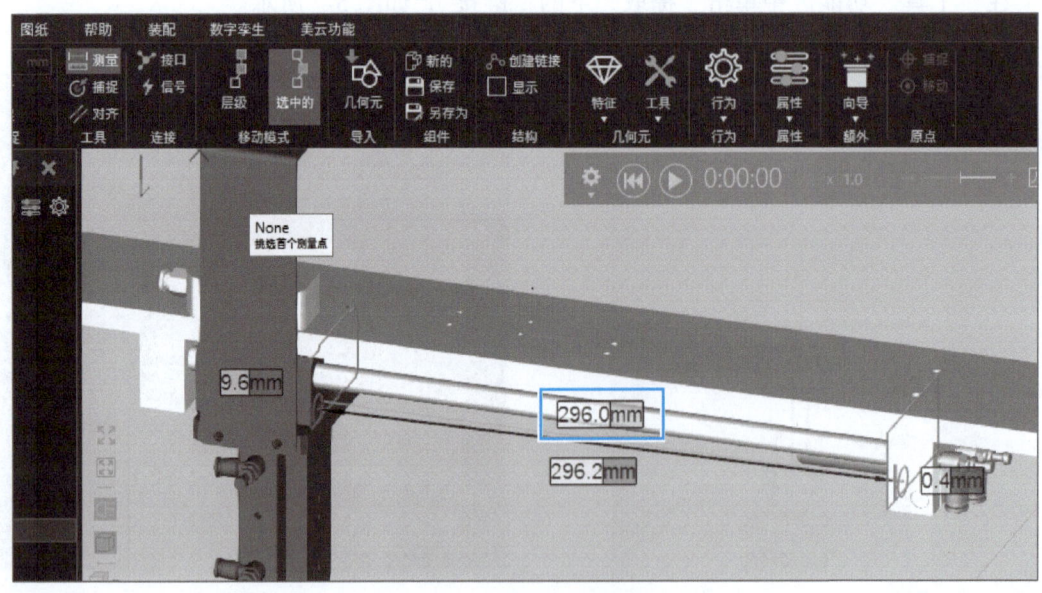

图 5-10 测量最大横移距离

接下来设置龙门横移的极限距离,在"龙门横移"的"关节属性"中将"最小限制"改为"0","最大限制"改为"296",如图 5-11 所示。

项目5 执行单元数字化设计与仿真

三、升降组件链接提取与属性设置

在"建模"菜单中,用"选择"功能框选龙门升降气缸部分,如图5-12所示。

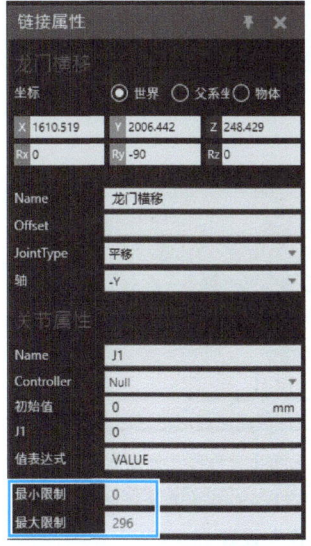

图5-11 龙门横移的极限距离设置

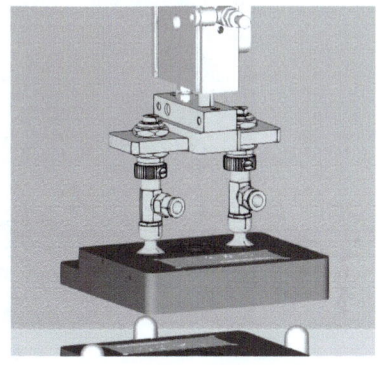

图5-12 龙门升降气缸选择

然后将龙门升降气缸提取为链接,如图5-13所示。

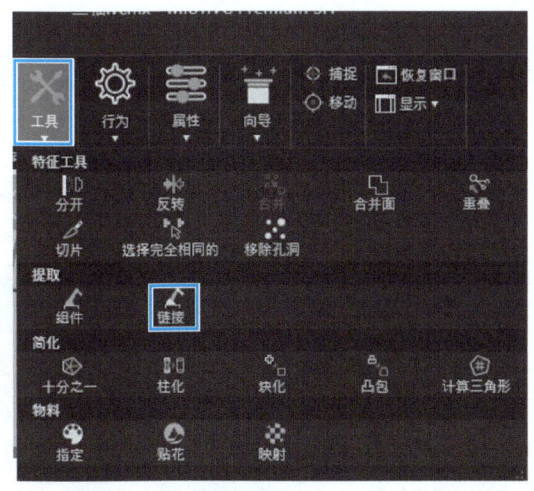

图5-13 龙门升降气缸提取链接

将提取的龙门升降气缸"Link_1"移动到"龙门横移"下,如图5-14所示。

将提取的链接"Link_1"的"链接属性"的名称"Name"改为"龙门升降",将关节类型"JointType"改为"平移",将"轴"改为"-Z",如图5-15所示。

使用"建模"菜单中的"测量"工具,分别单击龙门升降气缸吸盘端口与物料表面,如图5-16所示,图中标签50.9mm为垂直距离,即龙门升降气缸最大移动距离为50.9mm。

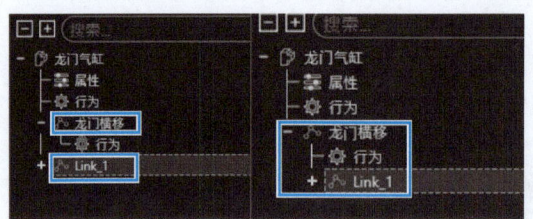

图 5-14 移动"Link_1"

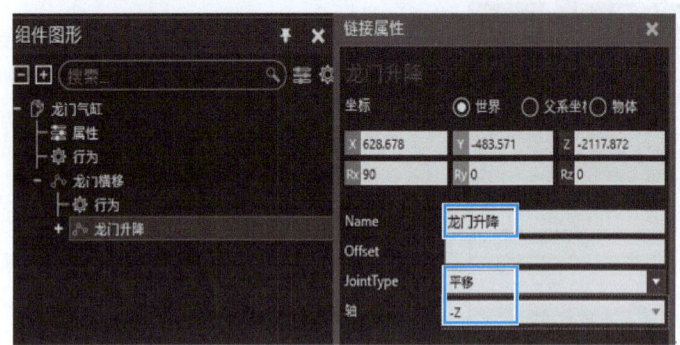

图 5-15 "龙门升降"的"链接属性"设置

接下来设置龙门升降的极限距离,在"龙门升降"的"关节属性"中将"最小限制"改为"0","最大限制"改为"50.9",如图 5-17 所示。

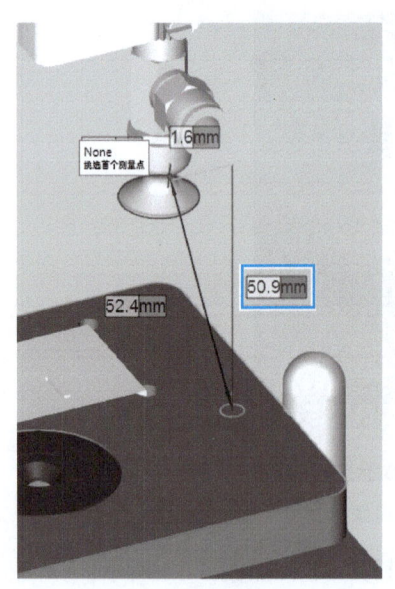

图 5-16 龙门升降气缸移动距离测量

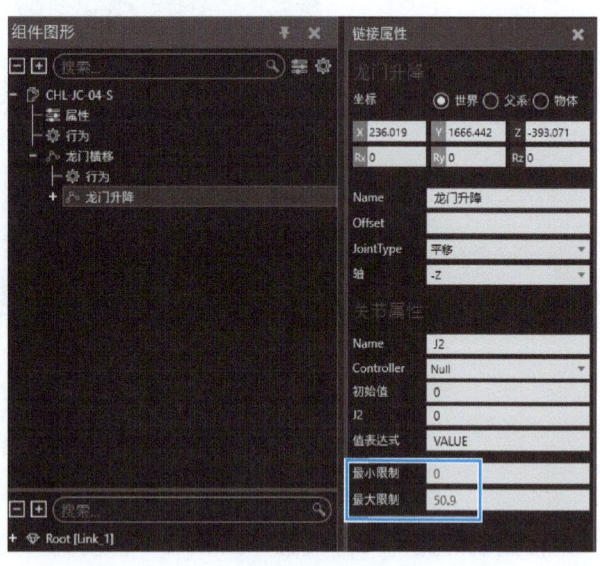

图 5-17 龙门升降的极限距离设置

四、设置组件原点位置

首先设置龙门气缸组件原点,在"建模"菜单中先选择"选中的",再选择"捕捉",将整个龙门气缸组件的原点选择在左下角,最后单击"应用"按钮,如图 5-18 所示。

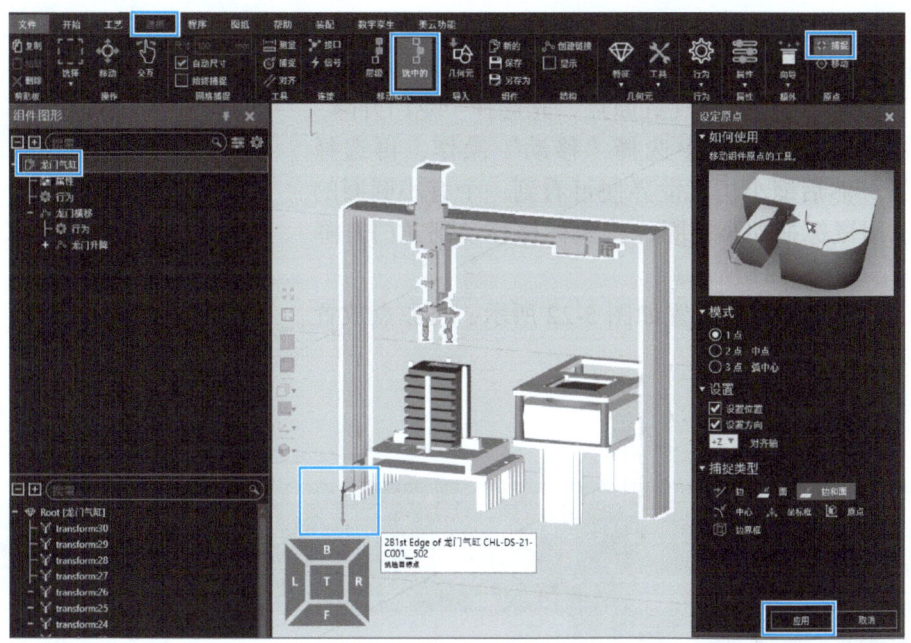

图 5-18 设置龙门气缸组件原点

接下来设置龙门横移气缸原点,先选择"龙门横移"链接,在"建模"菜单中选择"移动"操作,再选择"选中的",然后缩小仿真世界便可看到一个有小圆圈的坐标框,用鼠标拖动小圆圈,将坐标框移动到龙门横移的上方,如图 5-19 所示。

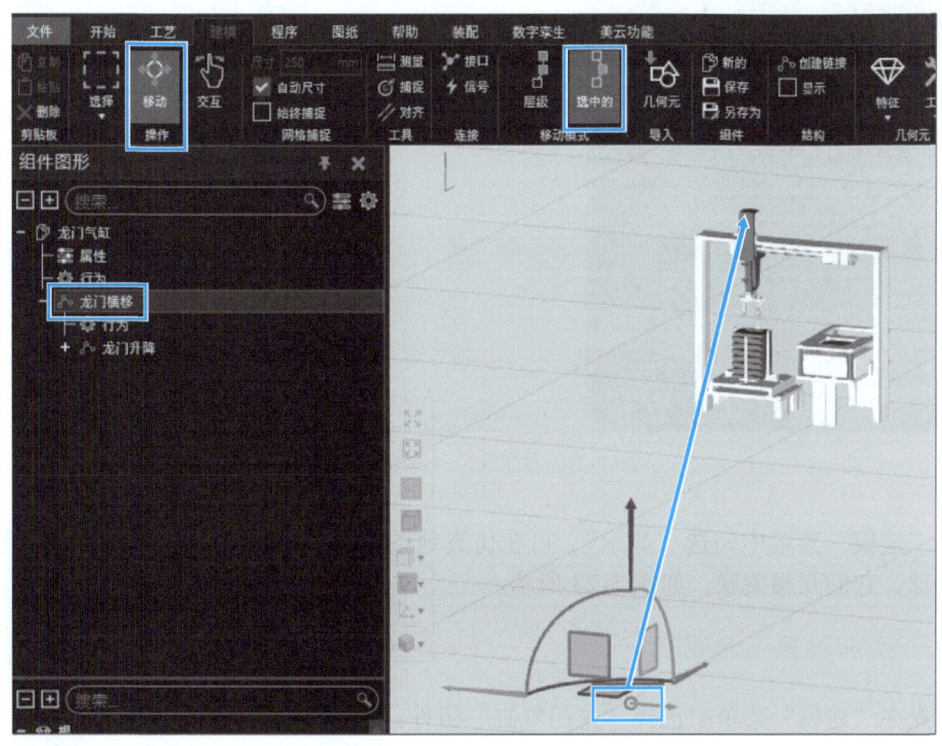

图 5-19 设置龙门横移气缸原点

龙门横移气缸原点位置如图5-20所示,将原点放置在气缸正上方中心点处。

接下来设置龙门升降气缸原点,先选择"龙门升降"链接,在"建模"菜单中选择"移动"操作,再选择"选中的",然后缩小仿真世界便可看到一个有小圆圈的坐标框,用鼠标拖动小圆圈,将坐标框移动到龙门升降吸盘中间,如图5-21所示。

龙门升降气缸原点位置如图5-22所示,将原点放置在吸盘中心点处。

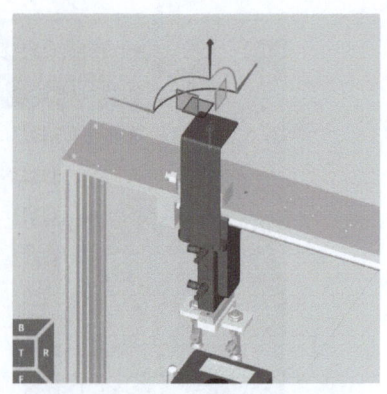

图5-20 龙门横移气缸原点位置

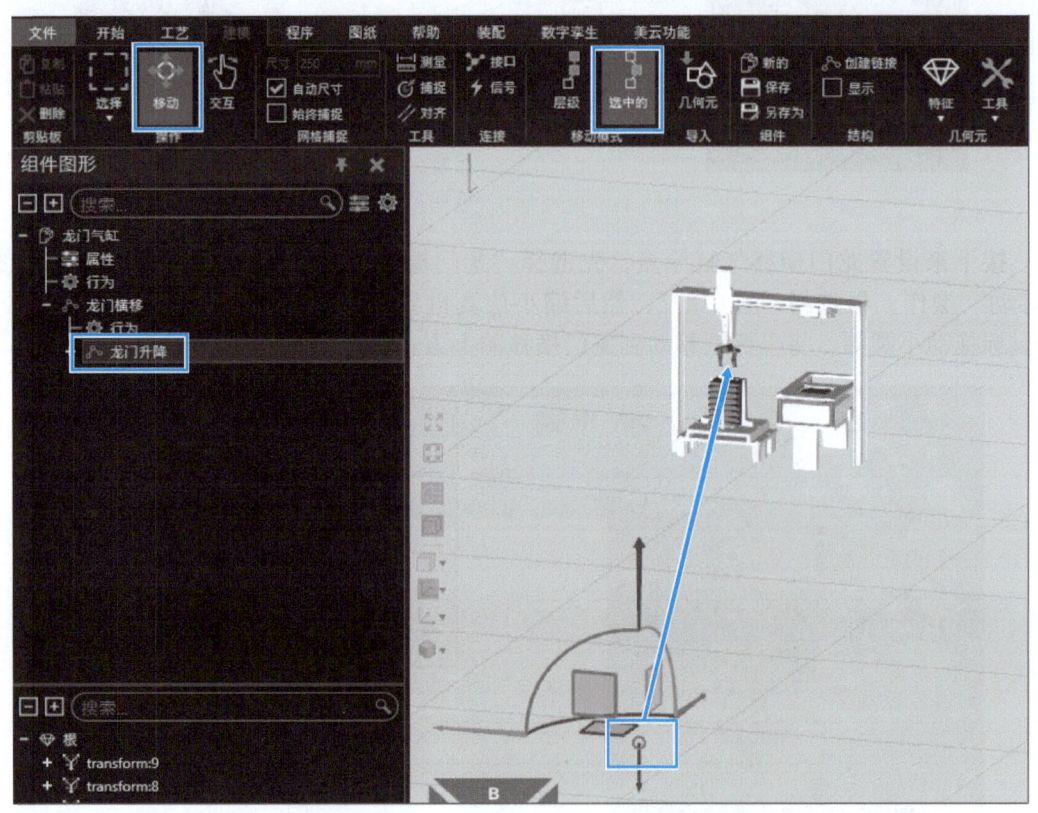

图5-21 设置龙门升降气缸原点

在"建模"菜单中勾选"显示",可在仿真地图上看到龙门气缸的三个原点位置,即三个小球,它们互相关联,如图5-23所示。

五、添加机器人控制器

首先在"建模"菜单中选择"龙门气缸"组件,然后在"行为"功能区中单击"机器人控制器",如图5-24所示。

项目 5　执行单元数字化设计与仿真

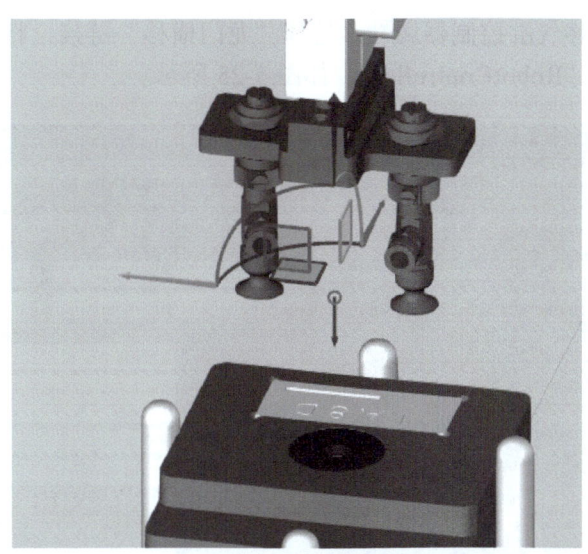

图 5-22　龙门升降气缸原点位置

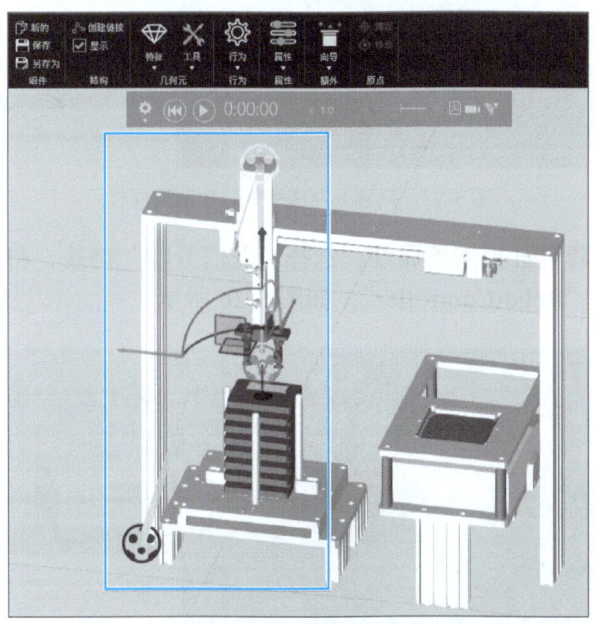

图 5-23　龙门气缸的三个原点位置

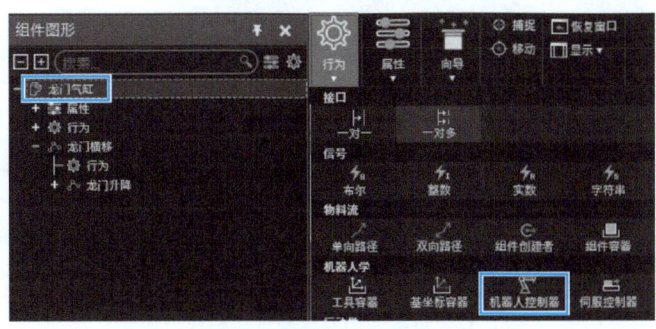

图 5-24　添加机器人控制器

105

接着设置龙门横移气缸控制器属性,选择"龙门横移"链接,将控制器"Controller"选择为机器人控制器"RobotController",如图 5-25 所示。

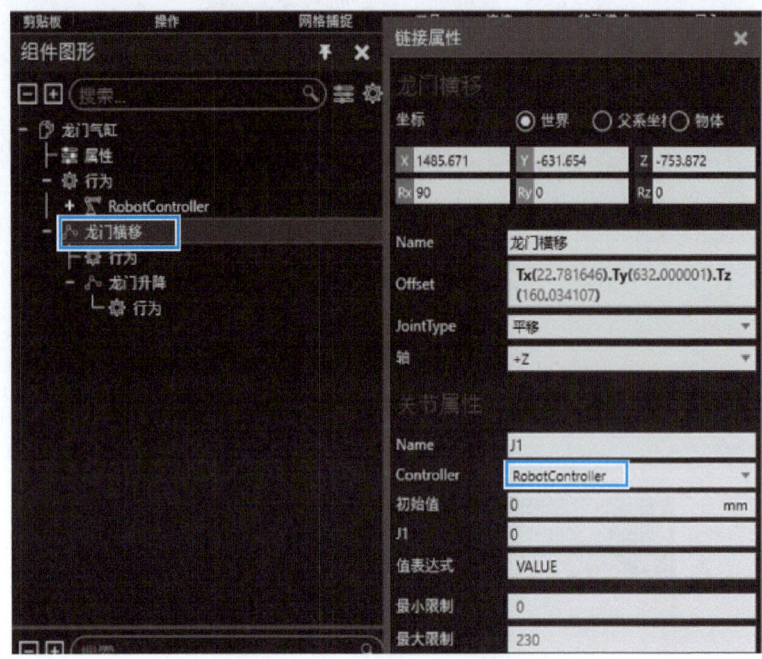

图 5-25　设置龙门横移气缸控制器属性

然后设置龙门升降气缸控制器属性,选择"龙门升降"链接,将控制器"Controller"选择为机器人控制器"RobotController",如图 5-26 所示。

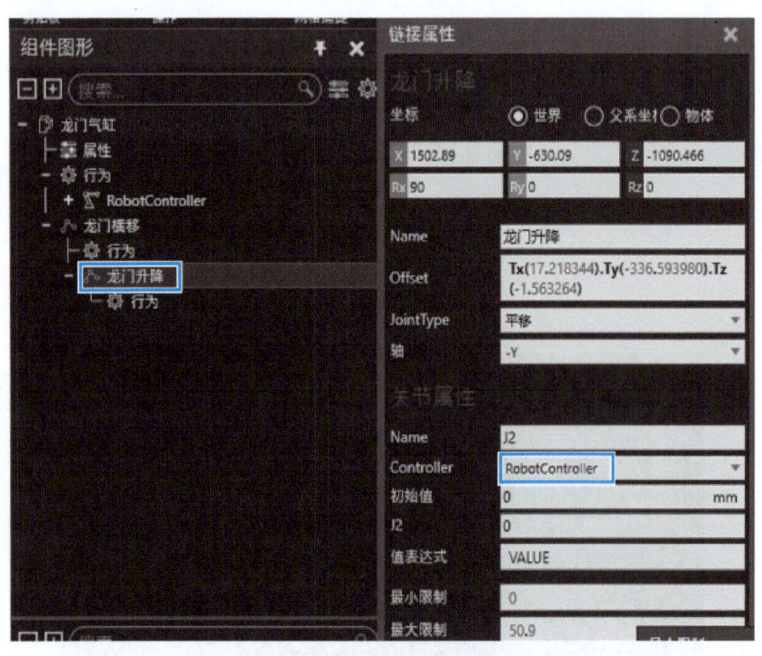

图 5-26　设置龙门升降气缸控制器属性

评价反馈

在任务完成后需对学生的实施情况进行评价，包括自评、互评和师评三方面，评价表见表 5-2。

表 5-2 评价表

类别	评价内容	分值	评价分数		
			自评	互评	师评
理论	了解二轴龙门上下料单元组成模块	10			
	了解组件与链接的关系	10			
	了解坐标框放置原理	10			
技能	能够完成二轴龙门模型导入与链接提取	10			
	能够正确设置横移组件链接提取与属性	15			
	能够正确设置升降组件链接提取与属性	20			
	能够正确设置组件原点位置	15			
素养	培养严格执行规范的职业精神	4			
	培养科学、客观、严谨的思考方式	3			
	培养善于总结、勤于归纳的学习态度	3			

任务 5.2 二轴龙门取料手编程与调试

学习目标

1. 知识目标

1）了解工具的信号配置原理。
2）了解输出信号原理。
3）了解取放料动作流程。

2. 技能目标

1）能够正确设置点动模式。
2）能够完成物料组件提取。
3）能够正确设置吸盘动作配置。
4）能够完成取放料程序编写与测试。

3. 素养目标

1）养成细心与耐心的工作习惯。
2）培养善于总结、勤于归纳的学习习惯。
3）培养不断追求新事物、永不放弃的精神。

任务描述

了解输出信号的原理,并掌握取放料的动作流程;能够设置点动模式,完成物料组件的提取,配置吸盘动作信号,编写和测试取放料程序,完成二轴取料手的取放料流程。

工作方案

1. 任务分析

1)设置点动交互模式。
2)提取物料组件。
3)设置吸盘动作配置。
4)编写与测试取放料程序。

2. 制定工作计划

根据任务分析,制定出工作计划并填入表 5-3 中。

表 5-3 工作计划

步骤	工作内容	时间
1		
2		
3		
4		

引导问题

1)为什么要提取物料组件?
___
___
___

2)动作配置中检测体积大小有什么要求?
___
___
___

3)请简述取放料过程。
___
___
___

项目 5　执行单元数字化设计与仿真

一、设置点动交互模式

首先为龙门气缸设置点动交互模式，在"建模"菜单中选择"龙门气缸"组件，单击"向导"功能区中的"动作脚本"，如图 5-27 所示。

在添加的动作脚本中右击运动学"Kinematics"进行删除，如图 5-28 所示。

图 5-27　为龙门气缸添加动作脚本

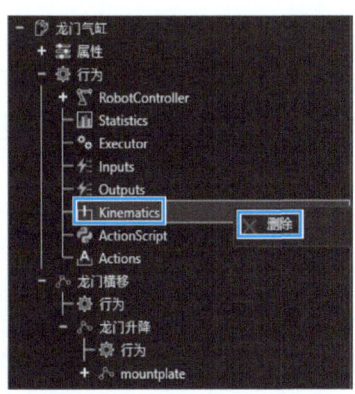

图 5-28　删除"Kinematics"

在"程序"菜单中选择"龙门气缸"，此时龙门气缸已经做成一个机器人系统，选择"点动"即可示教龙门气缸的动作位置，如图 5-29 所示。

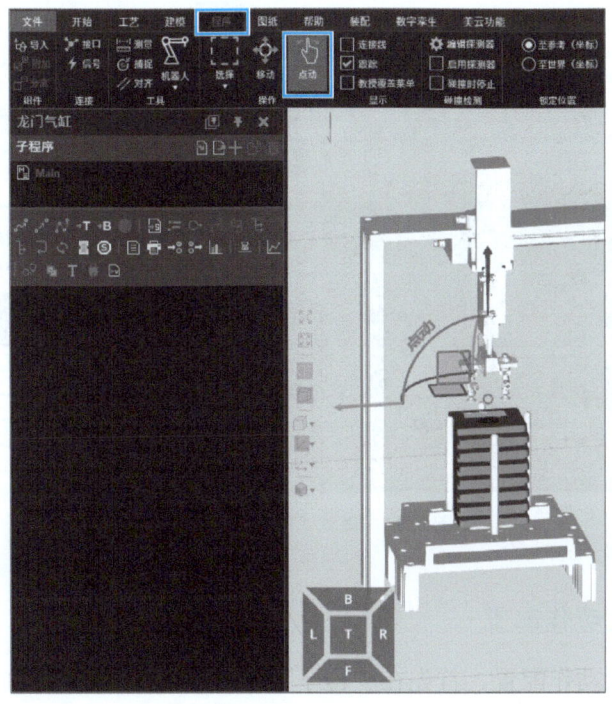

图 5-29　点动功能

二、提取物料组件

在"建模"菜单中按住 <Ctrl> 键用鼠标左键将第一个物料选中,然后将物料提取为组件,如图 5-30 所示。

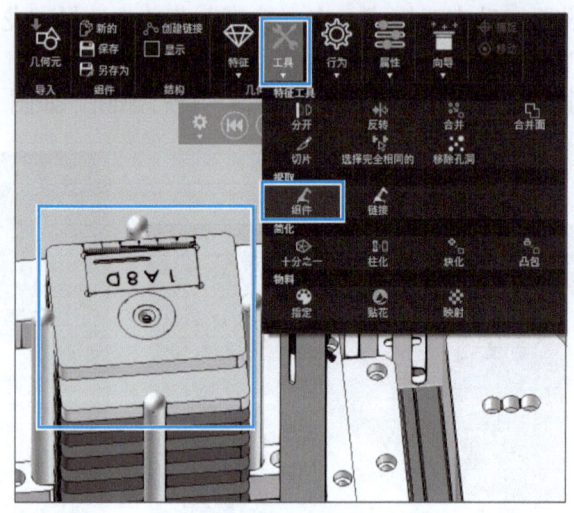

图 5-30 提取物料组件

然后更改物块 1 名称,选择"物块 1"组件,将名称改为"物块 1",如图 5-31 所示。

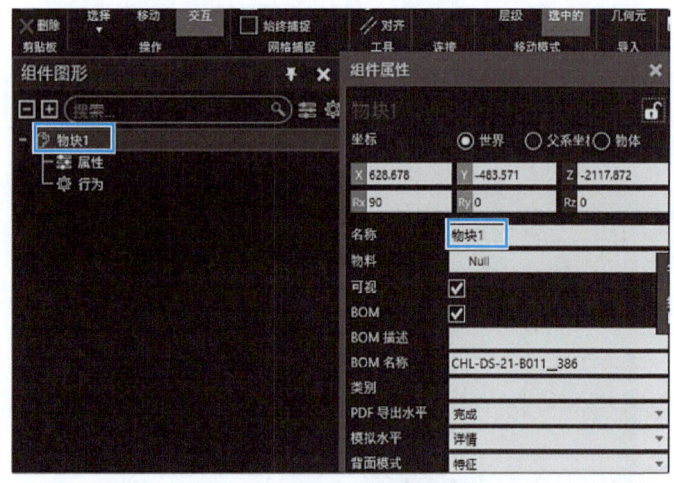

图 5-31 更改"物块 1"名称

三、设置吸盘动作配置

接下来设置吸盘动作配置,首先在"程序"菜单中选择"龙门气缸"组件,在其"组件属性"中单击"动作配置",如图 5-32 所示。

项目5 执行单元数字化设计与仿真

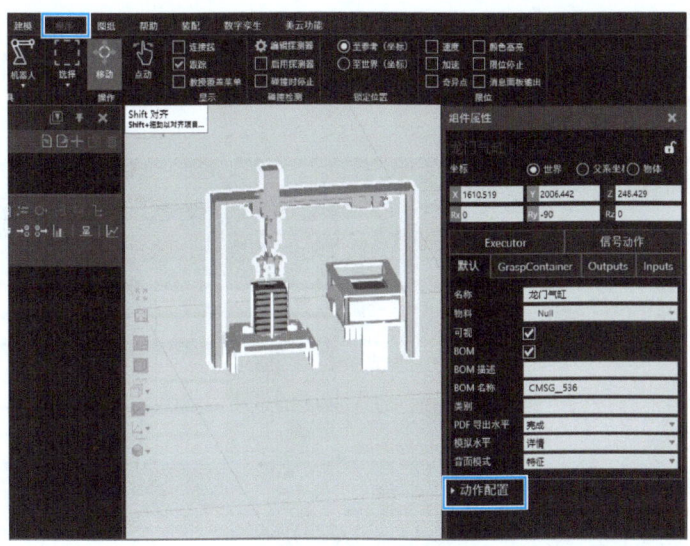

图 5-32 单击"动作配置"

"动作配置"设置如图 5-33 所示,"输出"选择"3",即输出信号名称为"3"。"检测体积大小"设为"100mm×100mm×20mm",即物块的大小。"使用工具"选择"TOOL_1","重力方向"设为"−8mm"。

四、编写与测试取放料程序

1)添加动作 1。第一个动作是让两个气缸移动到零点位置,在"程序"菜单项下添加第一个"点对点运动动作",在"配置"中将"J1"和"J2"轴的坐标设置为"0mm",在工具"Tool"中选择"TOOL_1",如图 5-34 所示。

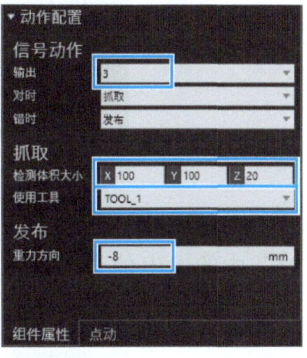

图 5-33 "动作配置"设置

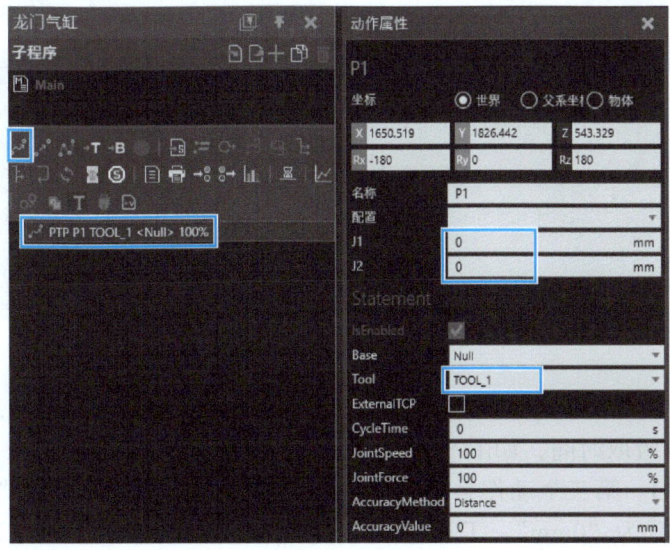

图 5-34 添加动作 1

111

2）添加动作 2。第二个动作是让升降气缸下移至物块表面，故在"动作属性"中将"J2"轴的坐标设置为"50.9mm"，工具"Tool"会默认为与动作 1 相同的工具"TOOL_1"，如图 5-35 所示。

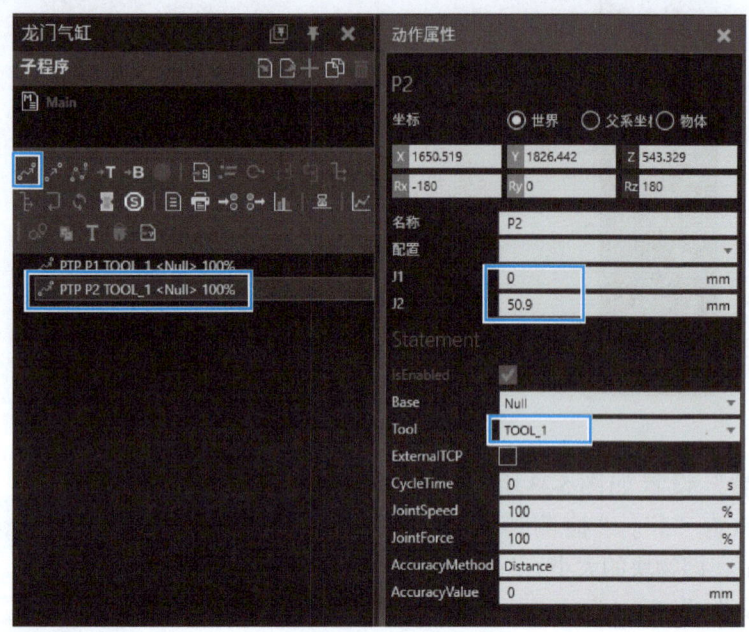

图 5-35　添加动作 2

3）添加输出信号 1。单击"二元输入动作"，将"输出端口"改为"3"，与"动作配置"中的输出信号一致。勾选"输出值"，使输出信号变为 True，以使吸盘吸取物块，如图 5-36 所示。

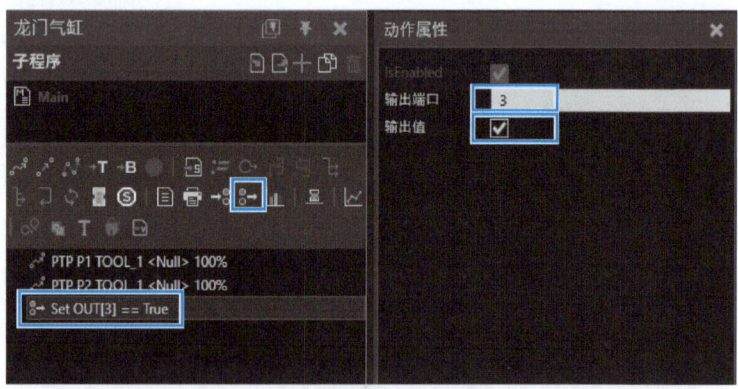

图 5-36　添加输出信号 1

4）添加延迟 1。单击延迟功能按钮添加"延迟动作"，将"延迟"改为"1s"，保证吸盘碰到物块后有吸取时间，如图 5-37 所示。

5）添加动作 3。第三个动作是让升降气缸上移回到初始位置，在"动作属性"中将"J2"轴的坐标设置为"0mm"，工具"Tool"会默认为与动作 1 相同的工具"TOOL_1"，如图 5-38 所示。

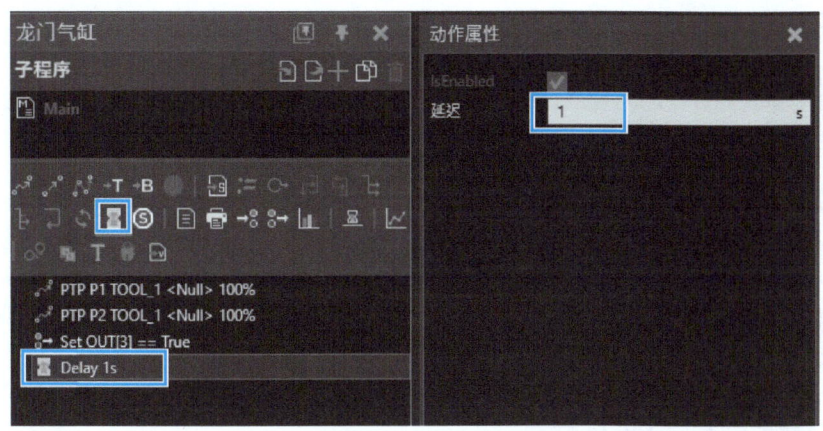

图 5-37 添加延迟 1

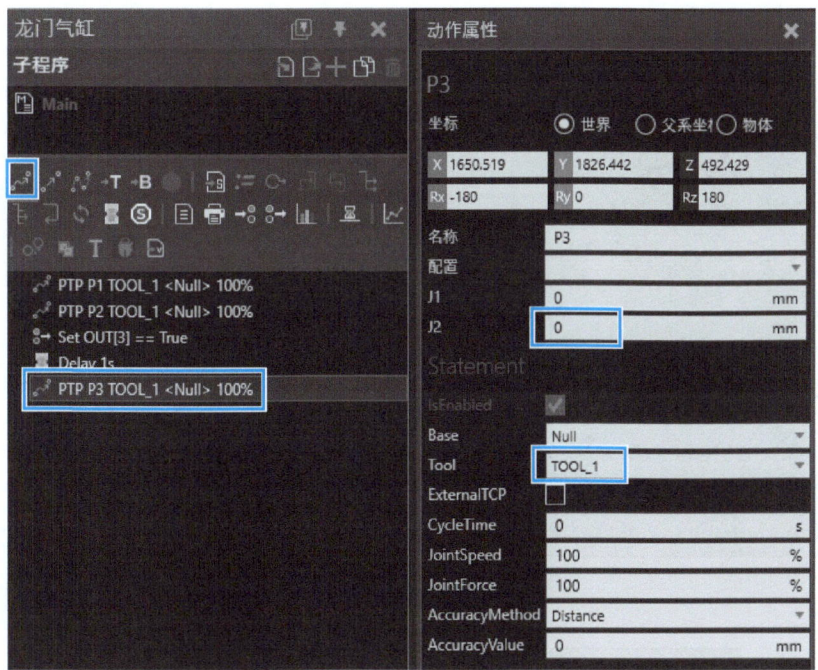

图 5-38 添加动作 3

6）添加动作 4。第四个动作是让横移气缸右移至称重台上方，在"动作属性"中将"J1"轴的坐标设置为"296mm"，工具同上为"TOOL_1"，如图 5-39 所示。

7）添加动作 5。第五个动作是让升降气缸下移，把物块放置在称重台，即将"J2"轴的坐标改为"50.9mm"，工具同上为"TOOL_1"，如图 5-40 所示。

8）添加输出信号 2。单击"二元输入动作"，将"输出端口"改为"3"，与"动作配"中的输出信号一致。取消勾选"输出值"，使输出信号变为 False，以使吸盘放开物块，如图 5-41 所示。

9）添加延迟 2。单击延迟功能按钮添加"延迟动作"，将"延迟"改为"0.5s"，保证吸盘有充分的释放物块的时间，如图 5-42 所示。

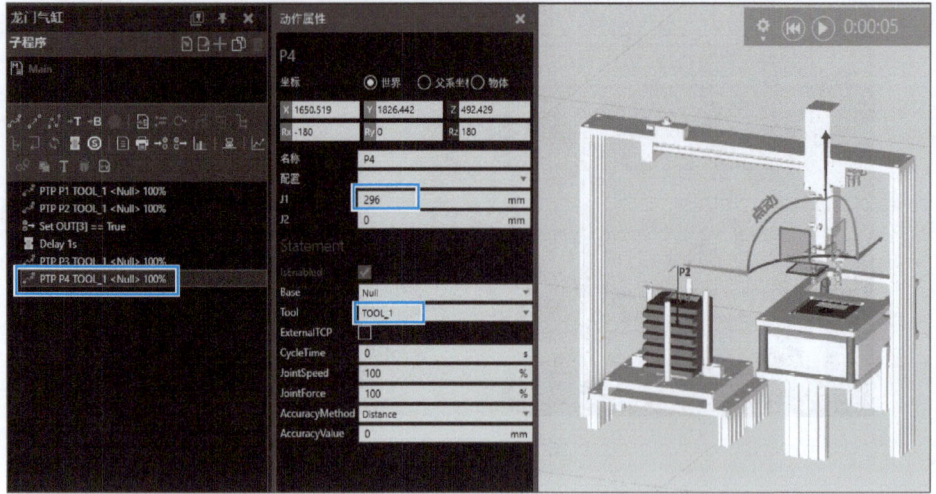

图 5-39 添加动作 4

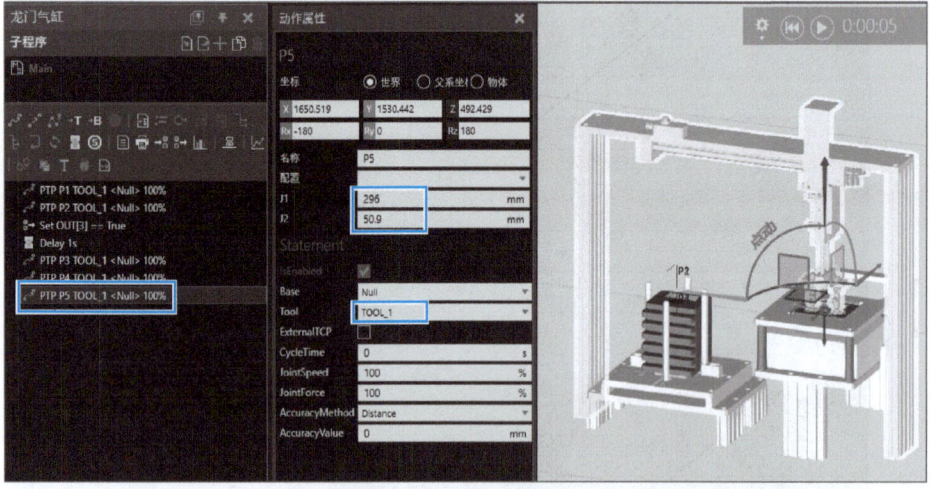

图 5-40 添加动作 5

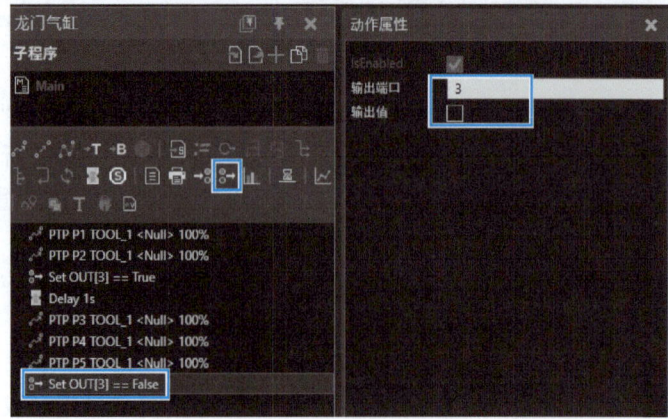

图 5-41 添加输出信号 2

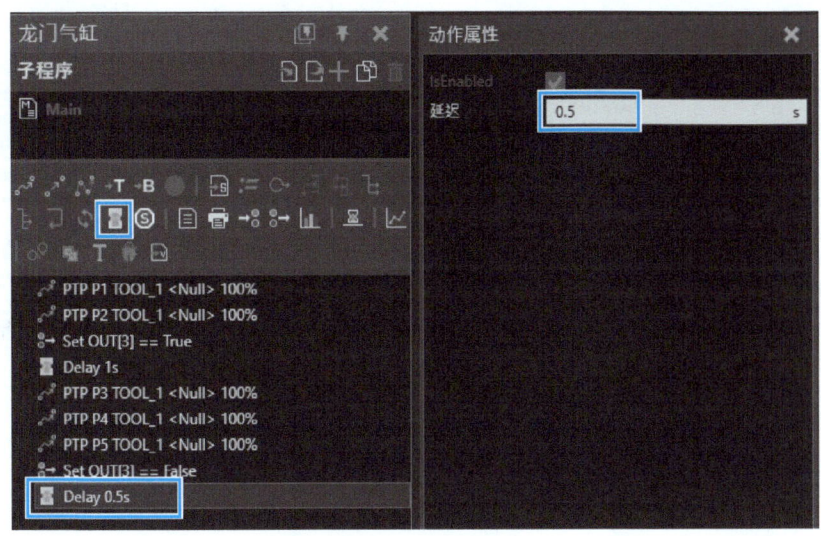

图 5-42　添加延迟 2

10）添加动作 6。第六个动作是放料后升降气缸上移，即将"J2"轴的坐标改为"0mm"，如图 5-43 所示。

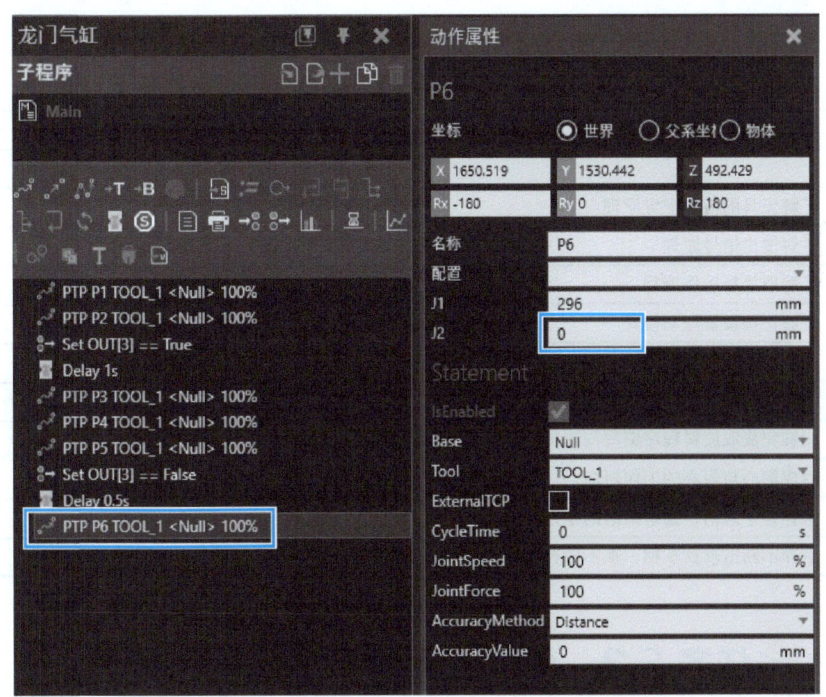

图 5-43　添加动作 6

11）添加动作 7。第七个动作是让横移气缸左移回到初始位置，将"J1"轴的坐标改为"0mm"，如图 5-44 所示。

12）仿真测试。单击"播放"键仿真动作流程，检查吸盘是否能取放物块，以及取放位置是否正确，如图 5-45 所示。

智能生产线数字化设计与仿真

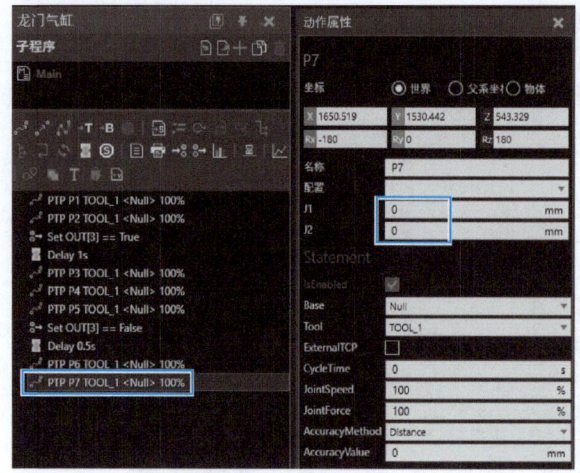

图 5-44 添加动作 7

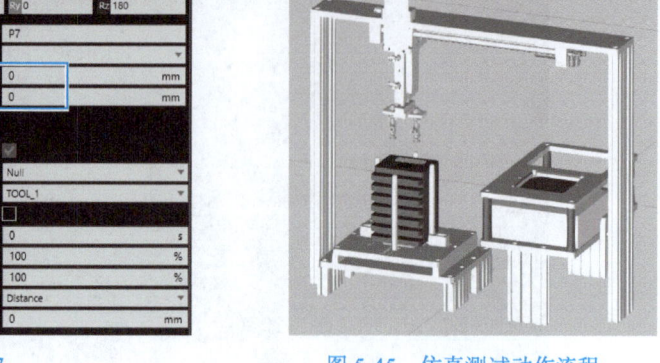

图 5-45 仿真测试动作流程

 评价反馈

在任务完成后需对学生的实施情况进行评价，包括自评、互评和师评三方面，评价表见表 5-4。

表 5-4 评价表

类别	评价内容	分值	评价分数		
			自评	互评	师评
理论	了解工具的信号配置原理	10			
	了解输出信号原理	10			
	了解取放料动作流程	10			
技能	能够正确设置点动模式	15			
	能够完成物料组件提取	10			
	能够正确设置吸盘动作配置	10			
	能够完成取放料程序编写与测试	25			
素养	养成细心与耐心的工作习惯	4			
	培养善于总结、勤于归纳的学习习惯	3			
	培养不断追求新事物、永不放弃的精神	3			

任务 5.3 轨式上下料机器人模型搭建

 学习目标

1. 知识目标

1）了解轨式机器人上下料单元的组成。

2）了解一对一接口的属性。

2. 技能目标

1）能够完成机器人模型导入。
2）能够正确创建机器人底座。
3）能够正确添加 SCARA 机械臂。

3. 素养目标

1）培养严格执行规范的职业精神。
2）培养团结协作的精神。
3）培养独立思考和独立判断的能力。

任务描述

学习轨式机器人上下料单元的组成结构，理解其基本原理和功能特点，了解一对一接口的属性及其在机器人系统中的作用；完成机器人模型的导入，确保模型的准确性和完整性；创建机器人底座，保证底座的稳定性和适配性；添加 SCARA 机械臂，确保机械臂的正确性和稳定性。

工作方案

1. 任务分析

1）机器人模型导入。
2）创建机器人底座。
3）添加 SCARA 机械臂。

轨式机器人上下料单元的组成如图 5-46 所示。

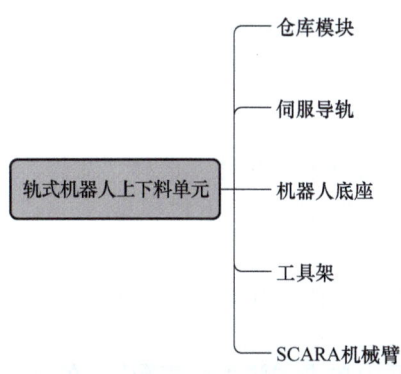

图 5-46　轨式机器人上下料单元的组成

2. 制定工作计划

根据任务分析，制定出工作计划并填入表 5-5 中。

表 5-5 工作计划

步骤	工作内容	时间
1		
2		
3		
4		

引导问题

1）轨式机器人上下料单元由哪几个模块构成？

2）简述一对一接口中 Hierarchy 字段的含义。

3）简述一对一接口中 JoinExport 字段的含义。

任务实施

一、机器人模型导入

首先导入仿真模型，打开仿真模型文件：选择"文件"→"打开"，在"教材配套电子文件"中，选择"项目五 轨式机器人上下料模型.vcmx"文件，打开模型，打开完成后的效果图如图 5-47 所示。

接下来导入 SCARA 机械臂，在"开始"菜单的"电子目录"下单击"+"→"编辑来源"，如图 5-48 所示。

在弹出的"来源"对话框中单击"添加新来源"，在弹出的"添加来源"对话框中单击"选择本地来源"，如图 5-49 所示。

随后选择配套电子文件中的"轨式机器人上下料模型"文件夹，完成选择后，在"来源"对话框的"来源名称"下会看到该文件夹，如图 5-50 所示，单击"关闭"按钮关闭对话框。

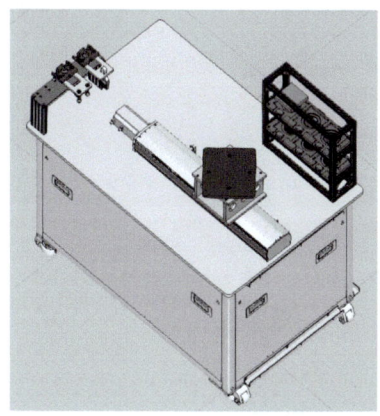

图 5-47 轨式机器人上下料模型效果图

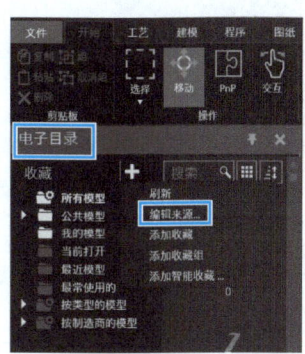

图 5-48 单击"编辑来源"

图 5-49 选择本地来源

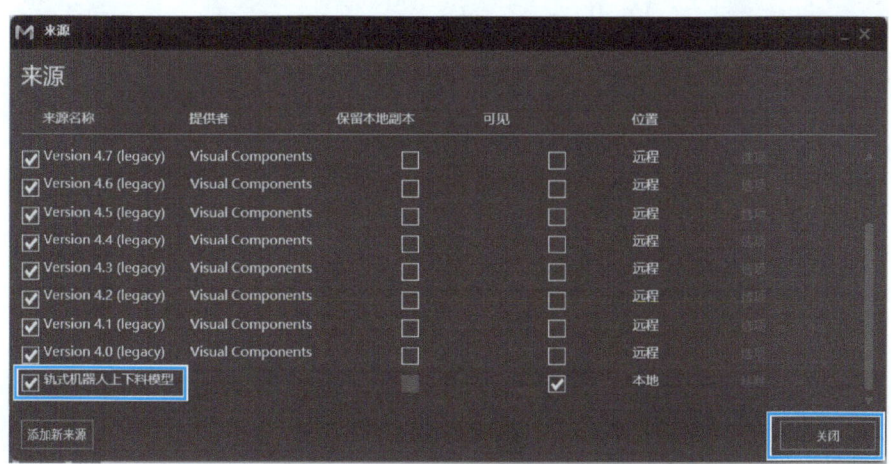

图 5-50 选择"轨式机器人上下料模型"文件夹

接下来单击"电子目录"中的"轨式机器人上下料模型"文件夹,用鼠标左键把"电子目录"中的"SCARA 机械臂"拖动到世界中,如图 5-51 所示。

智能生产线数字化设计与仿真

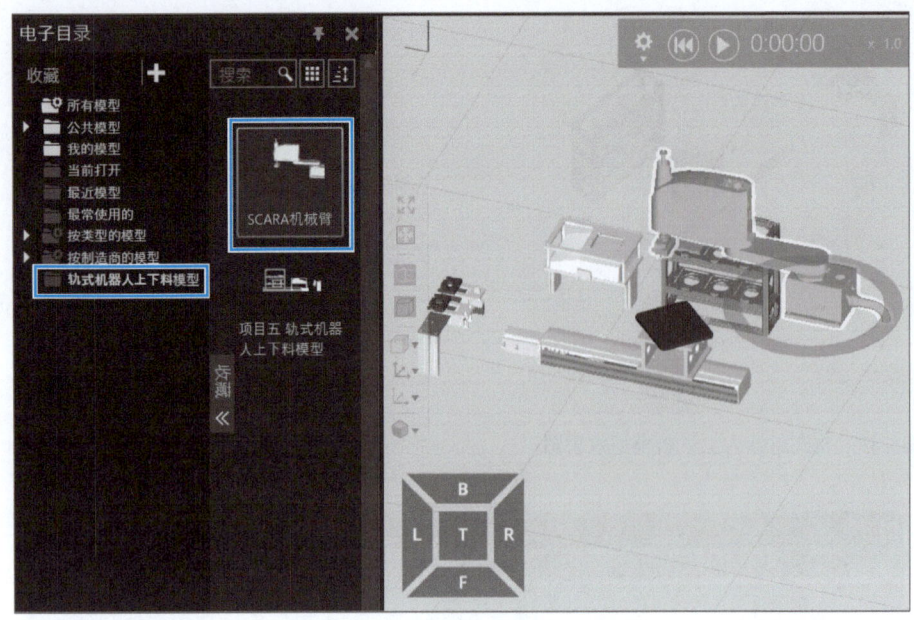

图 5-51　添加 SCARA 机械臂到世界中

二、创建机器人底座

在"建模"菜单中按住 <Ctrl> 键并用鼠标左键选中整个机器人底座,在"工具"功能区中单击"链接"功能,将机器人底座提取为链接,如图 5-52 所示。

选择提取的底座链接,将名称"Name"改成"底座",关节类型"JointType"设置为"平移","轴"选择为"-X",如图 5-53 所示。

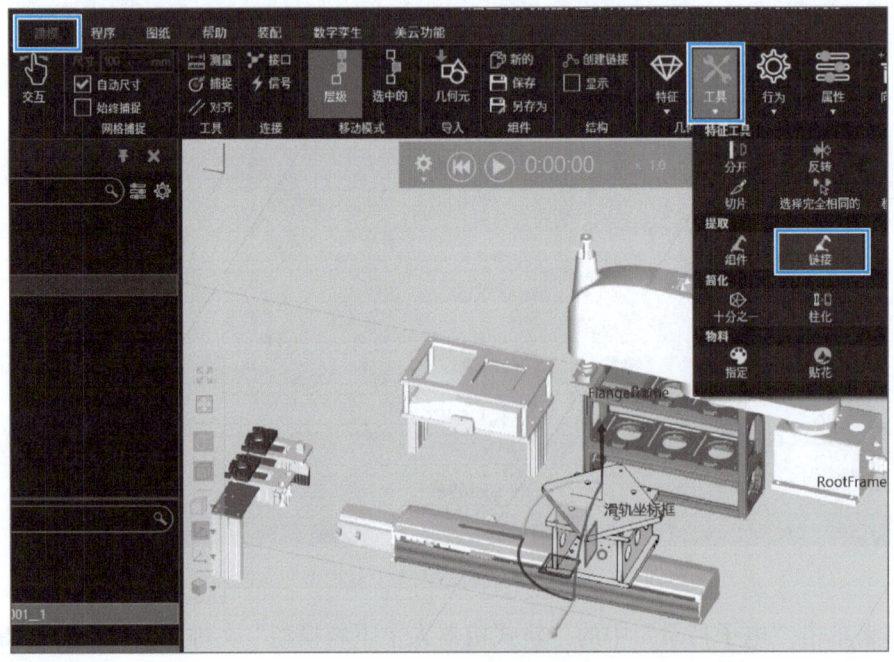

图 5-52　提取底座链接

项目5 执行单元数字化设计与仿真

在"建模"菜单中选择"测量"工具,分别测得底座向左运动的最大距离为390.0mm,向右运动的最大距离为200.0mm,如图5-54所示。

选择底座链接,在"链接属性"的"关节属性"中,控制器"Controller"选择为"伺服控制器",将"最小限制"设置为"-390","最大限制"设置为"200",如图5-55所示。

在底座链接中添加一个一对一的行为接口,单击"行为"功能区中的"一对一"接口,如图5-56所示。

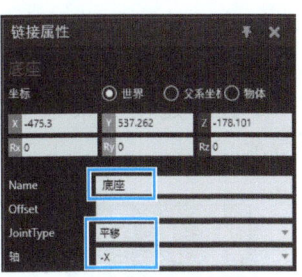

图5-53 设置底座链接属性

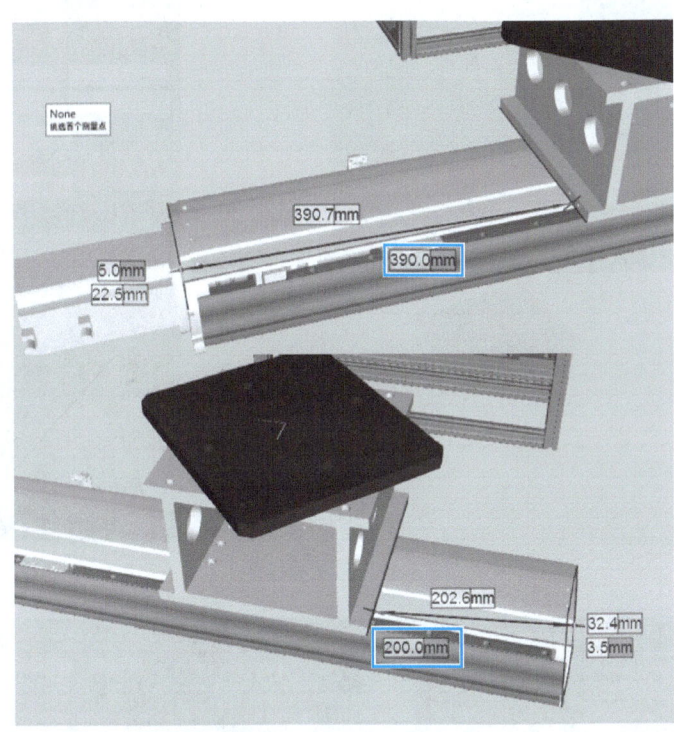

图5-54 测量最大运动距离

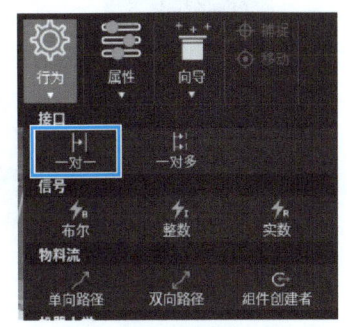

图5-55 设置关节属性   图5-56 添加一对一接口

在"建模"菜单中选择"特征",添加一个"坐标框",将坐标框名称改为"滑轨坐标框",如图 5-57 所示。

在"建模"菜单中选择"捕捉"工具,将滑轨坐标框捕捉到底座中心,如图 5-58 所示。

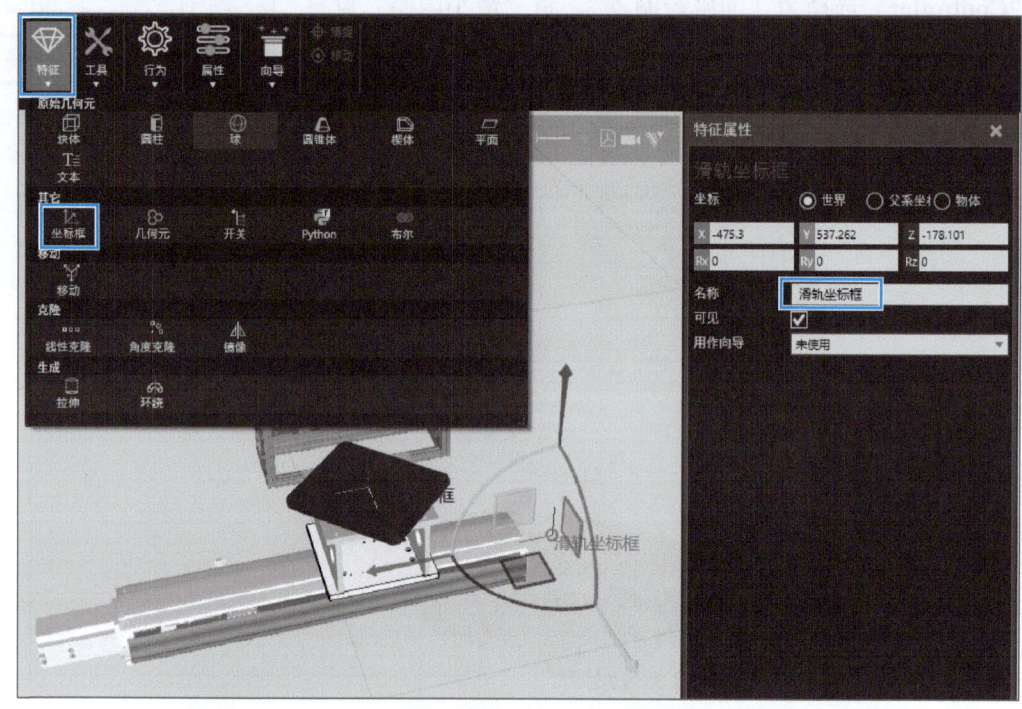

图 5-57 添加坐标框

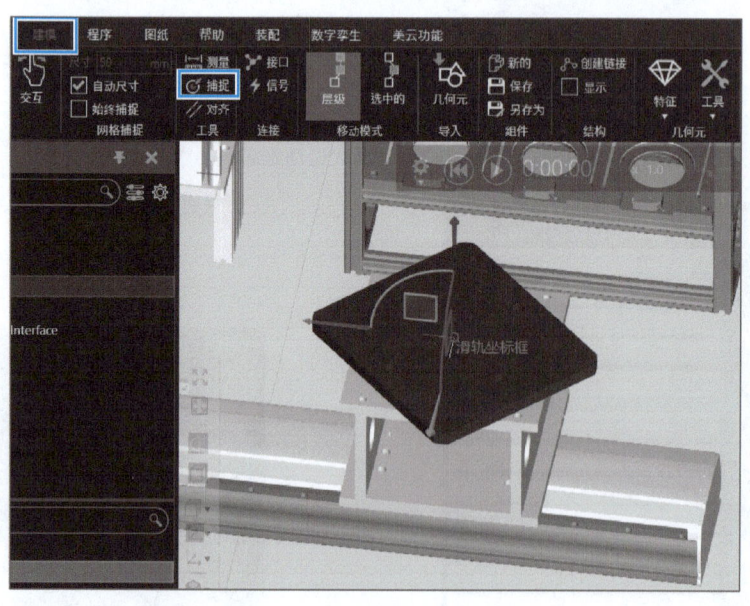

图 5-58 设置滑轨坐标框位置

项目 5 执行单元数字化设计与仿真

选择添加的一对一接口，在右边"属性"中添加一个"新节段"，在添加的新节段中，将"节段框坐标"选择为"滑轨坐标框"。接下来添加一个"Hierarchy"新字段和"JointExport"新字段。在 Hierarchy 字段中将"节点"选择为"底座"，将"坐标框"选择为"滑轨坐标框"。在 JointExport 字段中将"控制器"选择为"伺服控制器"，如图 5-59 所示。

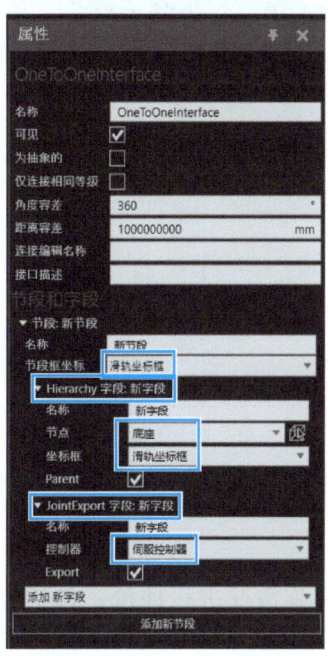

图 5-59 设置一对一接口属性

三、添加 SCARA 机械臂

在"开始"菜单中选择 SCARA 机械臂模型，单击即插即用"PnP"操作，选择"捕捉"功能，将机械臂捕捉到底座中心位置，如图 5-60 所示。

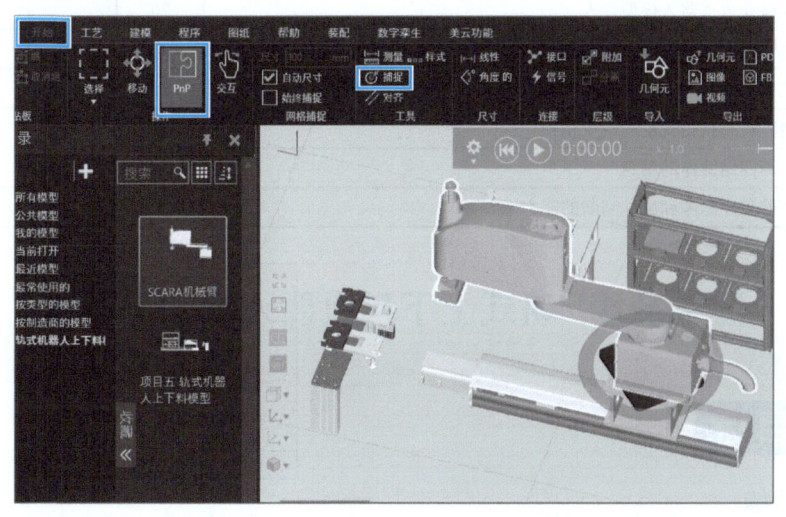

图 5-60 捕捉机械臂到底座中心位置

接下来把机械臂附加在底座上,选择机械臂模型,单击"附加"命令,再选择底座,完成机械臂的附加,如图 5-61 所示。

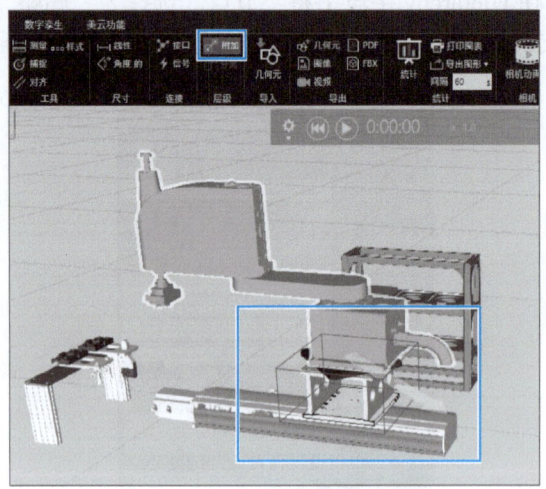

图 5-61 附加机械臂到底座

在任务完成后需对学生的实施情况进行评价,包括自评、互评和师评三方面,评价表见表 5-6。

表 5-6 评价表

类别	评价内容	分值	评价分数		
			自评	互评	师评
理论	了解轨式机器人上下料单元的组成	15			
	了解一对一接口的属性	15			
技能	能够完成机器人模型导入	20			
	能够正确创建机器人底座	25			
	能够正确添加 SCARA 机械臂	15			
素养	培养严格执行规范的职业精神	4			
	培养团结协作的精神	3			
	培养独立思考和独立判断的能力	3			

任务 5.4 轨式上下料机器人编程与调试

学习目标

1. 知识目标

1)了解轨式机器人工具的信号配置方法。

2）了解动作配置方法。

3）了解轨式机器人上下料动作流程。

2. 技能目标

1）能够正确设置末端工具的动作配置。

2）能够正确编写安装吸盘程序。

3）能够测试仿真动作流程。

3. 素养目标

1）培养细致耐心的工作习惯。

2）培养团结协作的精神。

3）养成科学、客观、严谨的思考方式。

任务描述

完成末端动作配置的设置，确保机器人末端工具动作执行的准确性和稳定性；编写安装吸盘程序，以实现对物料的取放动作；测试仿真动作流程，验证程序的正确性和可靠性；掌握轨式机器人系统中工具信号配置方法和动作配置方法，能够使用相关软件工具编写和测试机器人动作程序。

1. 任务分析

1）设置末端工具的动作配置。

2）编写安装吸盘程序。

3）测试仿真动作流程。

2. 制定工作计划

根据任务分析，制定出工作计划并填入表 5-7 中。

表 5-7 工作计划

步骤	工作内容	时间
1		
2		
3		
4		

1）点对点运动动作与线性运动动作有什么区别？

2）编程界面下的修整功能有什么作用？

3）请简述机械臂末端提取夹具工作过程。

一、设置末端工具动作配置

在"开始"菜单中单击 SCARA 机械臂模型，在右边的"组件属性"中单击"动作配置"，将"输出"设置为"3"，"对时"设置为"抓取"，"错时"设置为"发布"，"使用工具"设置为"tool2"，"重力方向"设置为"8"，如图 5-62 所示。

二、编写安装吸盘程序

首先将机械臂吸盘移动到工具架上方，在"程序"菜单中选中底座模型，选择"移动"功能，拖动坐标框中的红色 X 轴箭头，机械臂会与底座一同移动至工具架上方，如图 5-63 所示。

图 5-62 设置末端工具动作配置

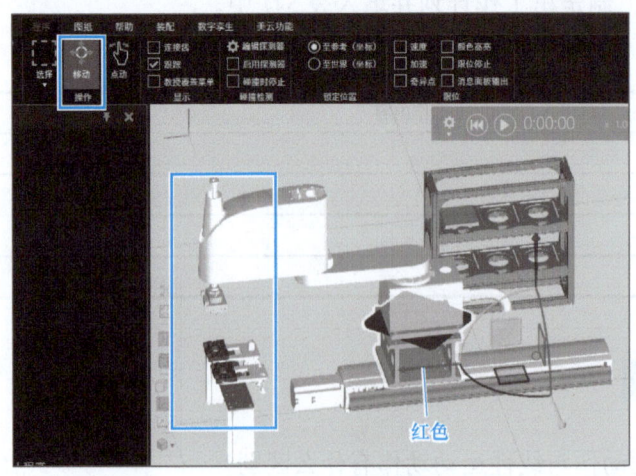

图 5-63 设置底座位置

项目 5 执行单元数字化设计与仿真

动作 1 为初始位置，在"程序"菜单中选中机械臂模型，选择"点动"功能，单击"点对点运动动作"添加动作 1，完成添加后单击"修整"，更新当前动作，如图 5-64 所示。

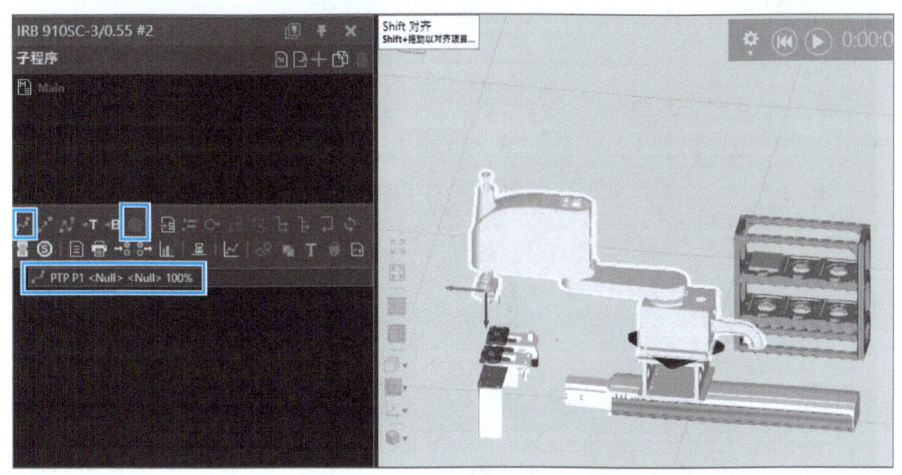

图 5-64 添加动作 1

在"程序"菜单中选中机械臂模型，选择"点动"功能，然后再选择"捕捉"功能，将机械臂吸盘捕捉到工具架的吸盘中心，如图 5-65 所示。

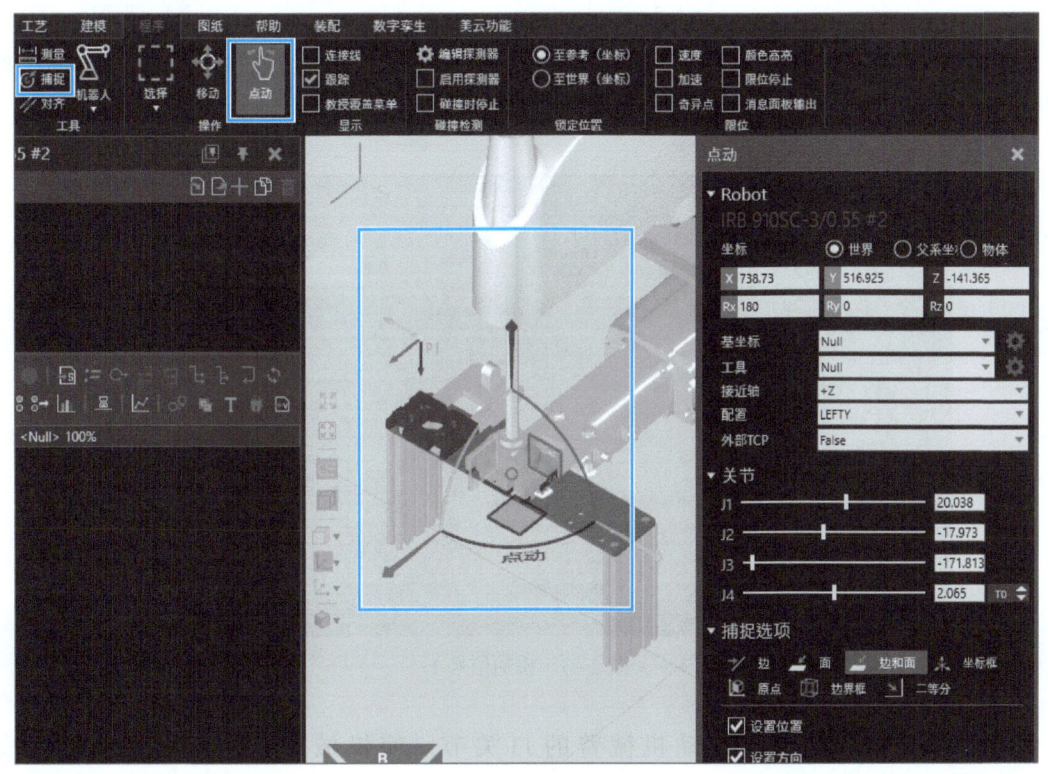

图 5-65 设置机械臂吸盘位置

动作 2 为机械臂吸盘移动到工具上，单击"点对点运动动作"添加动作 2，将"动作属性"中的工具"Tool"设置为"tool2"，如图 5-66 所示。

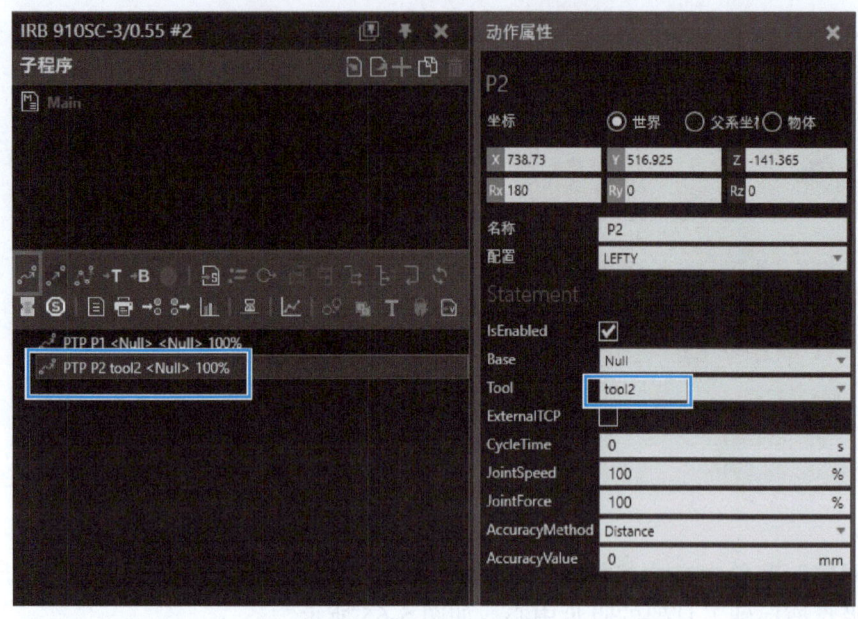

图 5-66　添加动作 2

单击"设置二元输出动作"，为程序添加一个信号，在"动作属性"中将"输出端口"设置为"3"，勾选"输出值"，如图 5-67 所示。

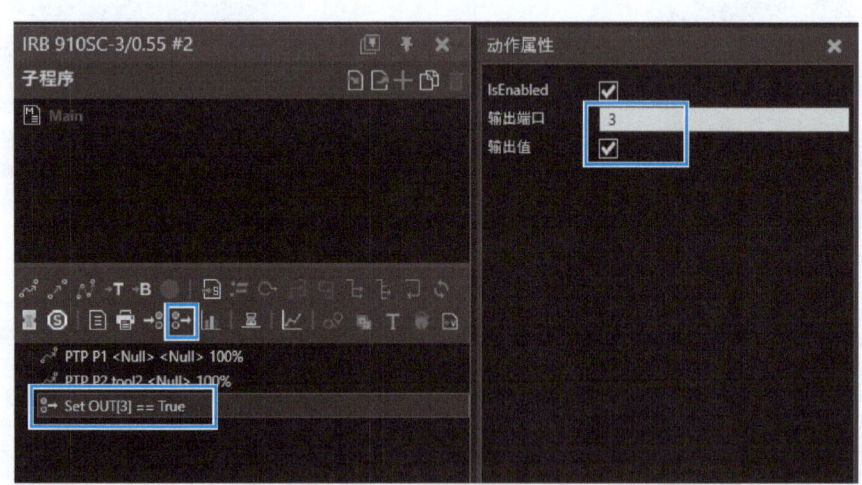

图 5-67　添加信号 1

选择"点动"功能，拖动机械臂的 J3 关节，使机械臂 J3 关节往上抬起，如图 5-68 所示。

项目 5　执行单元数字化设计与仿真

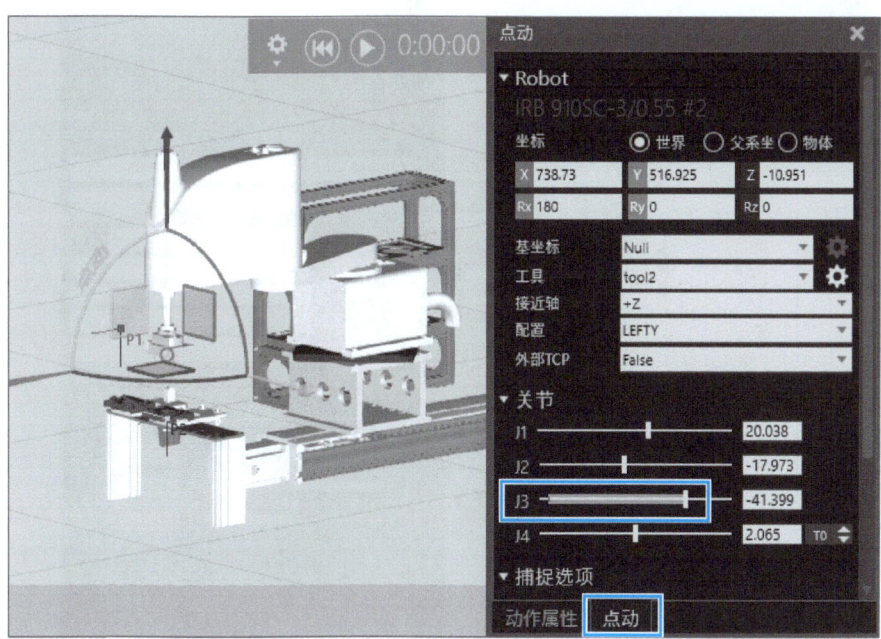

图 5-68　设置动作 3 位置

动作 3 为 J3 关节向上直线运动，单击"线性运动动作"添加动作 3，将"动作属性"中的工具"Tool"设置为"tool2"，如图 5-69 所示。

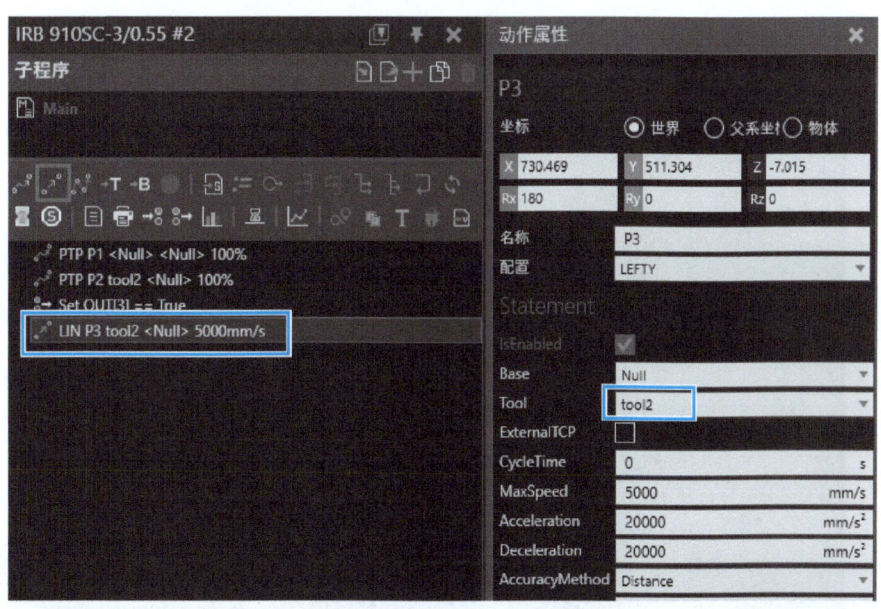

图 5-69　添加动作 3

动作 4 为末端夹具旋转 180°，选择"点动"功能，将 J4 关节在原来的角度基础上增加 180°，如图 5-70 所示。

129

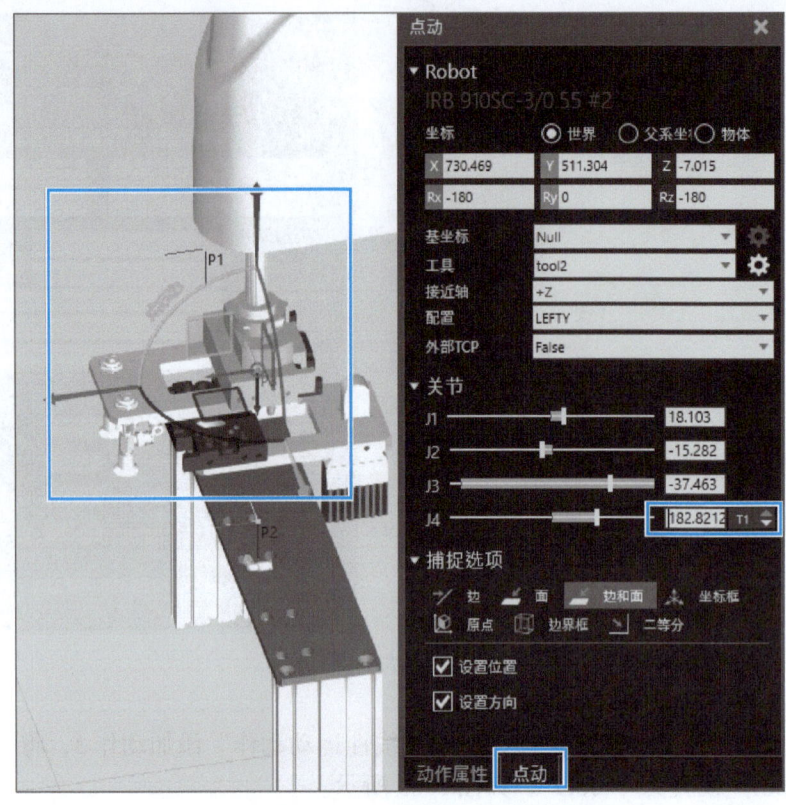

图 5-70　设置动作 4 位置

单击"线性运动动作"添加动作 4，将"动作属性"中的工具"Tool"设置为"tool2"，如图 5-71 所示。

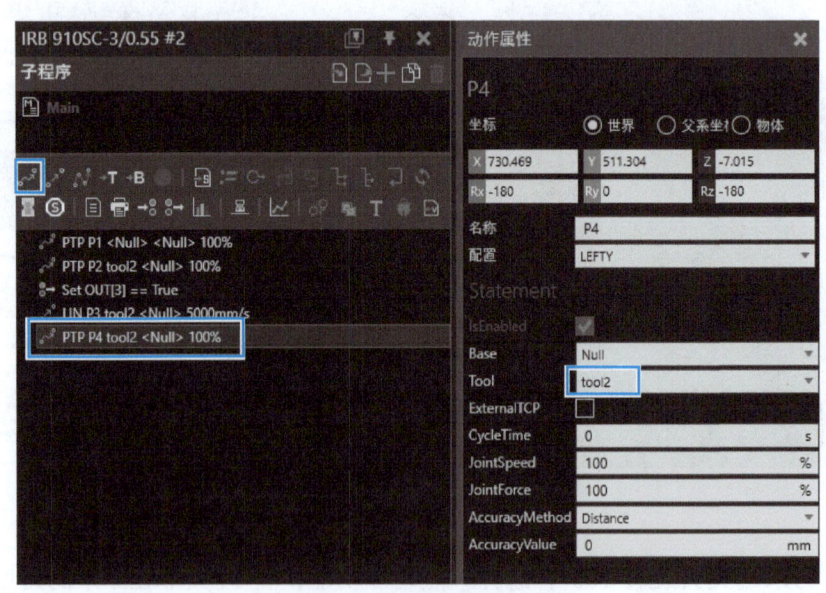

图 5-71　添加动作 4

项目 5　执行单元数字化设计与仿真

三、仿真测试动作流程

机械臂首先运动到工具架上方，然后 J3 关节向下伸出至工具位置，接着快换接头吸取工具，然后 J3 关节向上运动，J4 关节旋转 180°，把吸盘转到合适位置，如图 5-72 所示，单击"播放"按钮开始仿真，观察机械臂是否能按预定流程运动。

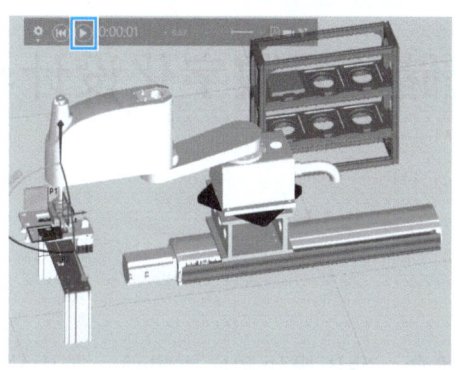

图 5-72　仿真动作流程

评价反馈

在任务完成后需对学生的实施情况进行评价，包括自评、互评和师评三方面，评价表见表 5-8。

表 5-8　评价表

类别	评价内容	分值	评价分数		
			自评	互评	师评
理论	了解轨式机器人工具的信号配置方法	10			
	了解动作配置方法	10			
	了解轨式机器人上下料动作流程	10			
技能	能够正确设置末端动作配置	20			
	能够正确编写安装吸盘程序	25			
	能够测试仿真动作流程	15			
素养	培养细致耐心的工作习惯	4			
	培养团结协作的精神	3			
	养成科学、客观、严谨的思考方式	3			

项目 6
智能仓储单元数字化设计与仿真

📐 项目概述

智能仓储单元由分度转盘、冲压模块和底座组成,其中分度转盘由固定部分、转动部分、分度对定机构及控制机构、润滑部分等组成。固定部分是分度装置的基体,其功能相当于夹具体。转动部分包括回转盘、衬套和转轴等。分度对定机构及控制机构由分度盘和对定销组成,其作用是在转盘转位后,使其相对于固定部分定位。分度对定机构的误差会直接影响分度精度,因此是分度装置的关键部分。润滑部分是指由油杯组成的润滑系统,其功能是减少摩擦面的磨损,使机构操作灵活,当使用滚动轴承时,可直接用润滑脂润滑。

🗂 知识图谱

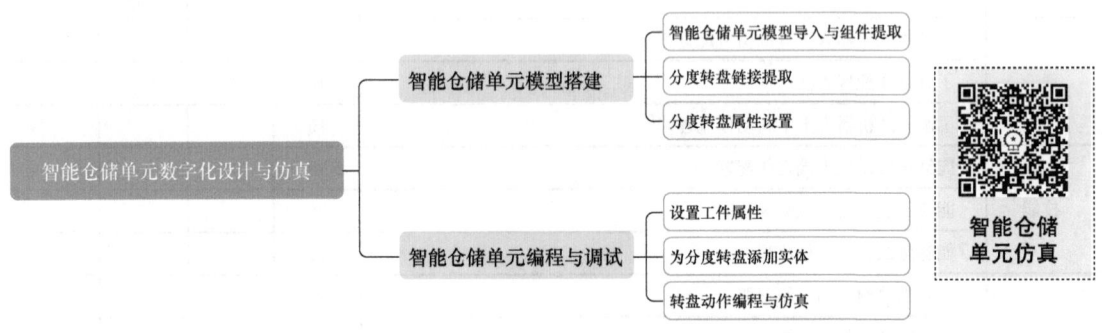

项目 6　智能仓储单元数字化设计与仿真

任务 6.1　智能仓储单元模型搭建

学习目标

1. 知识目标

1）了解智能仓储单元各模块的功能。
2）了解转盘原点的设置。
3）了解控制器的选择。

2. 技能目标

1）能够完成智能仓储单元模型导入与组件提取。
2）能够完成分度转盘链接提取。
3）能够完成分度转盘属性设置。

3. 素养目标

1）培养严格执行规范的职业精神。
2）养成科学、客观、严谨的思考方式。
3）培养独立思考的能力。

任务描述

在软件环境中完成智能仓储单元模型的导入与组件提取，确保模型的准确性和完整性；提取分度转盘的链接并进行属性设置，以确保转盘的正常运转和准确控制；掌握智能仓储单元系统的相关知识，使用软件工具进行模型建模和属性设置。

工作方案

1. 任务分析

1）智能仓储单元模型导入与组件提取。
2）分度转盘链接提取。
3）分度转盘属性设置。

智能仓储单元的组成如图 6-1 所示。

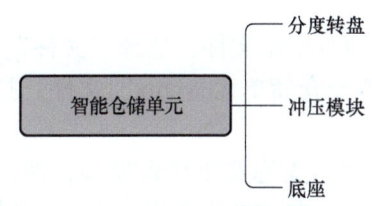

图 6-1　智能仓储单元的组成

2. 制定工作计划

根据任务分析，制定出工作计划并填入表 6-1 中。

表 6-1 工作计划

步骤	工作内容	时间
1		
2		
3		
4		

引导问题

1）智能仓储单元由哪几个模块构成？

2）转动件的原点要设置在哪里？

3）没有正确地为分度转盘选择控制器会出现什么问题？

任务实施

一、智能仓储单元模型导入与组件提取

首先导入仿真模型，打开仿真模型文件：选择"文件"→"打开"，在"教材配套电子文件"中，选择"项目六 智能仓储单元.vcmx"文件，打开模型，打开完成后的效果图如图 6-2 所示。

接下来提取转盘组件，提取前先隐藏工作台模型，然后在"建模"菜单中，用"选择"功能或者按住 <Ctrl> 键用鼠标左键将转盘部分选中，如图 6-3 所示。

项目 6　智能仓储单元数字化设计与仿真

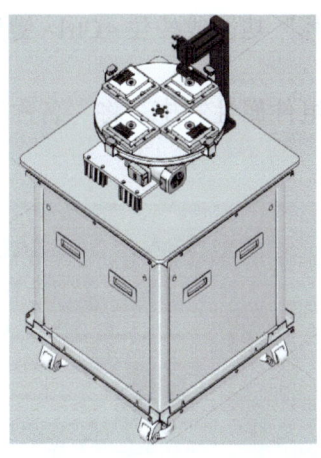

图 6-2　智能仓储单元效果图

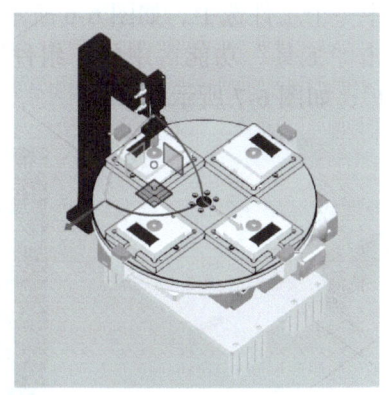

图 6-3　选择转盘组件

在"工具"功能区中单击"提取"下的"组件"功能，如图 6-4 所示。

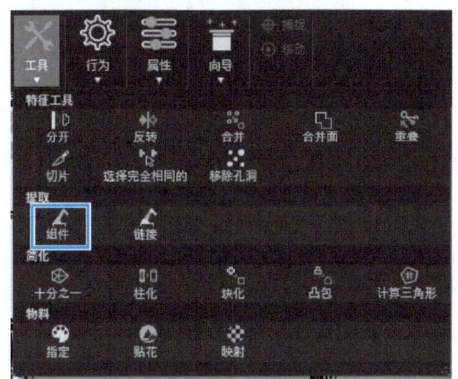

图 6-4　提取转盘组件

然后在转盘的"组件属性"中，将"名称"更改为"转盘"，如图 6-5 所示。

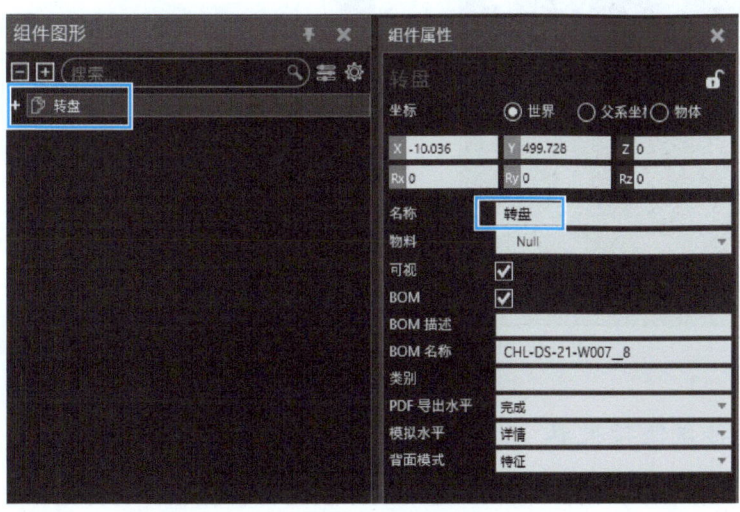

图 6-5　更改转盘组件名称

接着提取工件组件,在"建模"菜单中,用"选择"功能或按住<Ctrl>键用鼠标左键将其中一个工件选中,如图6-6所示。

单击"工具"功能区中的"组件",在工件的"组件属性"中,将"名称"更改为"工件1",如图6-7所示。

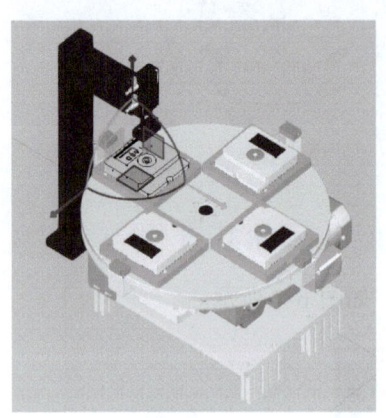

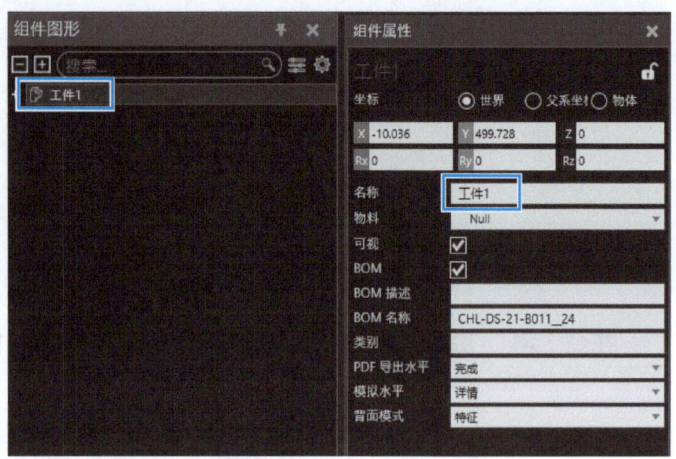

图6-6　选择工件组件　　　　　　　　　图6-7　更改工件组件名称

接下来提取其余三个工件组件,将组件分别命名为"工件2""工件3"和"工件4",如图6-8所示。

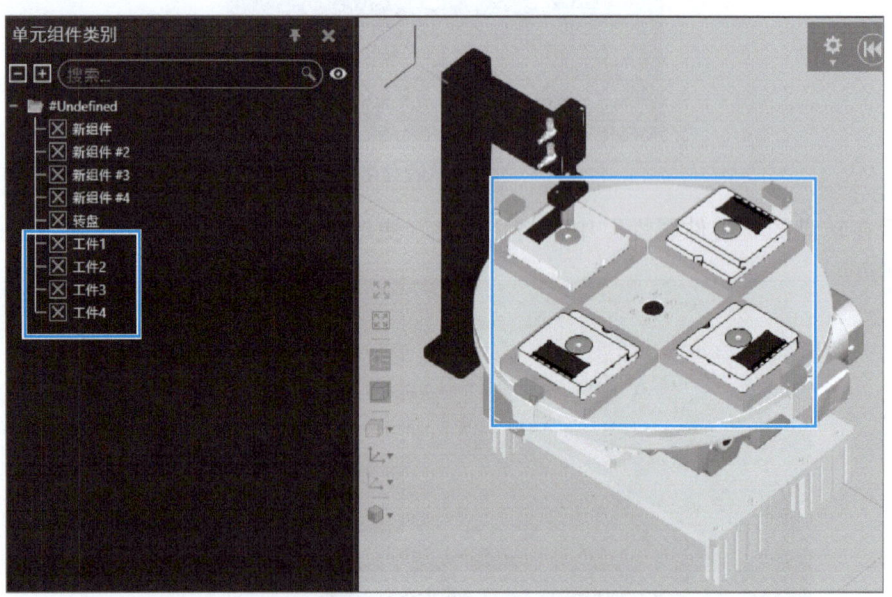

图6-8　提取工件组件

二、分度转盘链接提取

在"建模"菜单中,按住<Ctrl>键用鼠标左键将转盘组件部分选中,单击"工具"功能区中的"链接"功能,提取分度转盘链接,如图6-9所示。

项目 6　智能仓储单元数字化设计与仿真

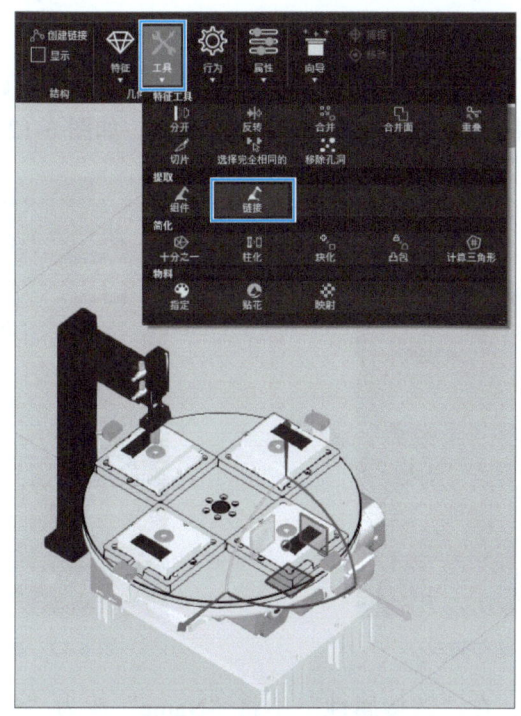

图 6-9　分度转盘链接提取

选择分度转盘链接,在"建模"菜单中选择"移动"操作,然后选择"选中的"模式,勾选"显示",利用"捕捉"工具将绿色小球捕捉至转盘中心,如图 6-10 所示。

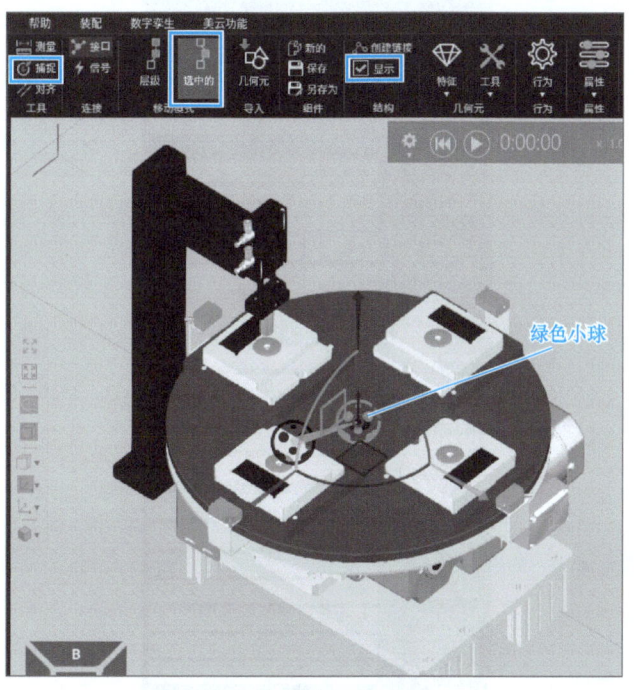

图 6-10　设置转盘原点

137

三、分度转盘属性设置

选择分度转盘链接，单击"向导"功能区中的"动作脚本"，如图 6-11 所示。在添加的动作脚本中右击"Kinematics"进行删除，如图 6-12 所示。

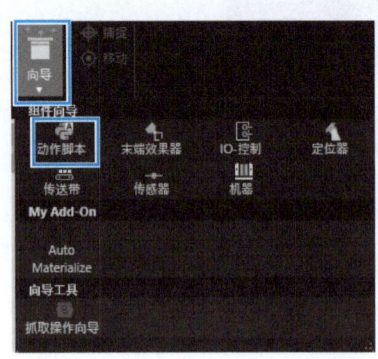

图 6-11　添加动作脚本

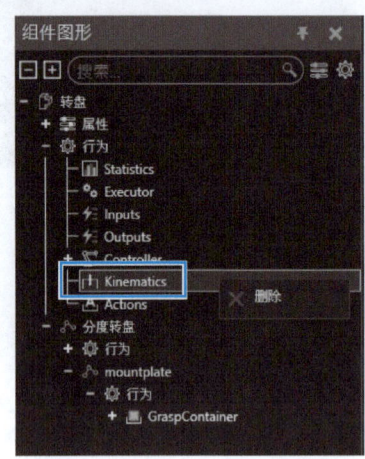

图 6-12　删除 Kinematics

选择分度转盘链接，在"链接属性"中将"Name"改为"分度转盘"，将关节类型"JointType"设置为"旋转的"，"轴"选择"+Z"，选择"Controller"作为控制器，将"最小限制"改为"-360"，"最大限制"改为"360"，如图 6-13 所示。

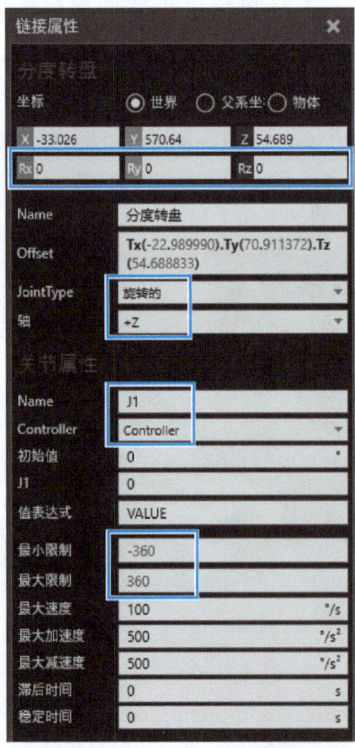

图 6-13　设置分度转盘链接属性

评价反馈

在任务完成后需对学生的实施情况进行评价，包括自评、互评和师评三方面，评价表见表 6-2。

表 6-2 评价表

类别	评价内容	分值	评价分数		
			自评	互评	师评
理论	了解智能仓储单元各模块的功能	10			
	了解转盘原点的设置	10			
	了解控制器的选择	10			
技能	能够完成智能仓储单元模型导入与组件提取	20			
	能够完成分度转盘链接提取	20			
	能够完成分度转盘属性设置	20			
素养	培养严格执行规范的职业精神	4			
	养成科学、客观、严谨的思考方式	3			
	培养独立思考的能力	3			

任务 6.2　智能仓储单元编程与调试

学习目标

1. 知识目标

1）了解实体的设置方法。
2）了解智能仓储单元的工作流程。
3）了解动作脚本的原理。

2. 技能目标

1）能够正确设置工件属性。
2）能够完成分度转盘实体添加。
3）能够完成分度转盘动作编程与仿真。

3. 素养目标

1）培养精益求精的精神。
2）养成耐心与细心的工作习惯。
3）培养严谨、认真、逻辑清晰的科学态度。

 **任务描述**

正确配置工具信号和设置工件属性,完成分度转盘的实体添加、动作编程与仿真,掌握智能仓储单元系统的操作流程和技术要点。

 **工作方案**

1. 任务分析

1)设置工件属性。
2)分度转盘实体添加。
3)分度转盘动作编程与仿真。

2. 制定工作计划

根据任务分析,制定出工作计划并填入表 6-3 中。

表 6-3 工作计划

步骤	工作内容	时间
1		
2		
3		
4		

引导问题

1)为什么要为转盘和工件添加实体?
_____
_____
_____

2)添加的实体中物理学类型选择哪一类?
_____
_____
_____

3)请简述分度转盘运动过程。
_____
_____
_____

项目 6　智能仓储单元数字化设计与仿真

一、设置工件属性

首先工件需要落在转盘上，才能在转盘转动时跟随转盘一起运动，故要设置工件的物理类型。首先在"建模"菜单中选中"工件 1"，在"行为"功能区中选择"物理学"下的"实体"，为工件添加一个实体，如图 6-14 所示。

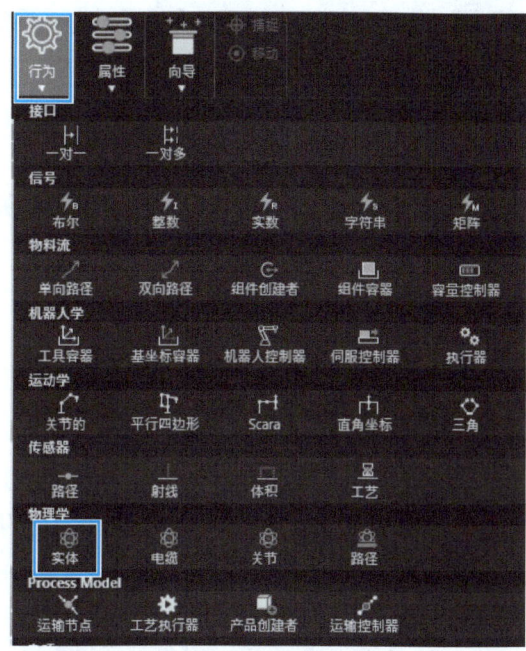

图 6-14　添加实体

选择添加的实体"PhysicsEntity"，在其"属性"的"物理类型"中选择"#物理学内"。完成物理类型设置后，为其他三个工件添加实体并设置其属性，如图 6-15 所示。

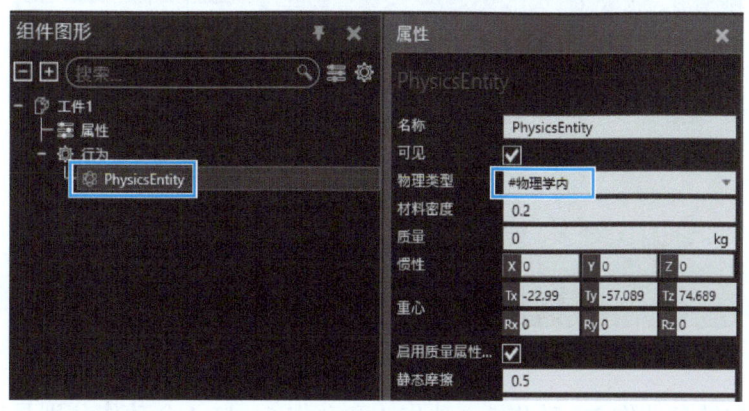

图 6-15　设置实体的物理类型

二、为分度转盘添加实体

选择分度转盘链接，在"行为"功能区中选择"物理学"下的"实体"，为分度转盘添加一个实体。选择添加的实体，在其"属性"的"物理类型"中选择"#运动"，如图 6-16 所示。

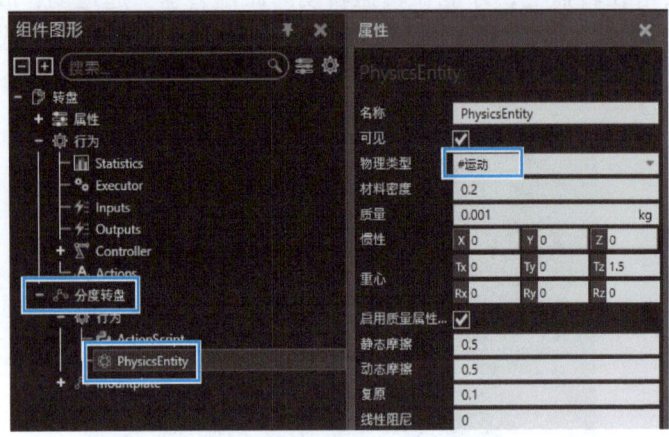

图 6-16　设置实体物理类型

三、转盘动作编程与仿真

首先添加转盘动作 1，动作 1 为转盘转回至 0°位置。在"程序"菜单中选择转盘模型，单击"点对点运动动作"添加动作 1，将"J1"关节设置为"0"，如图 6-17 所示。

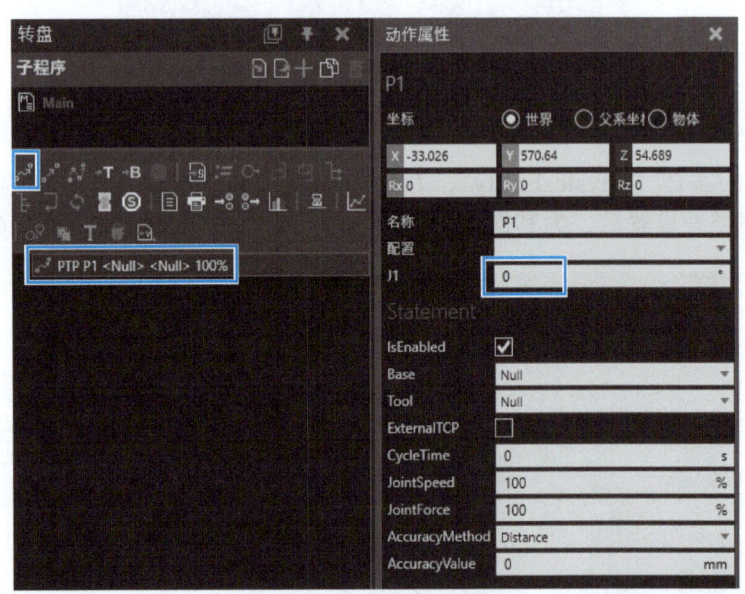

图 6-17　添加转盘动作 1

接下来添加转盘动作 2、动作 3、动作 4 和动作 5，这 4 个动作分别是转盘转到 90°、180°、270°和 360°。在"程序"菜单中选择转盘模型，单击"点对点运动动作"分别添

项目6 智能仓储单元数字化设计与仿真

加4个动作,并分别将"J1"关节设置为90°、180°、270°和360°,如图6-18所示。

最后单击"播放"键,测试转盘动作,观察转盘是否能依次旋转90°,工件是否能跟随转盘运动,如图6-19所示。

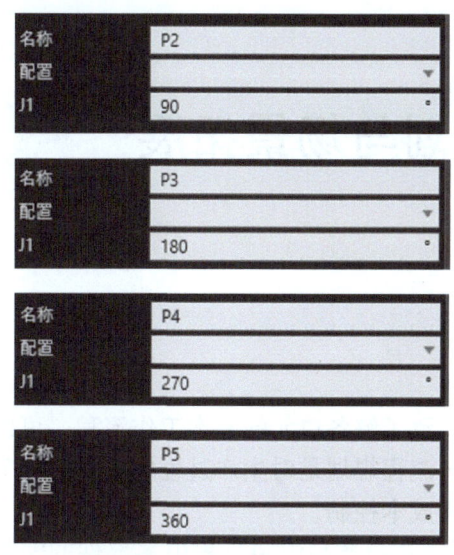

图6-18 添加转盘后续动作

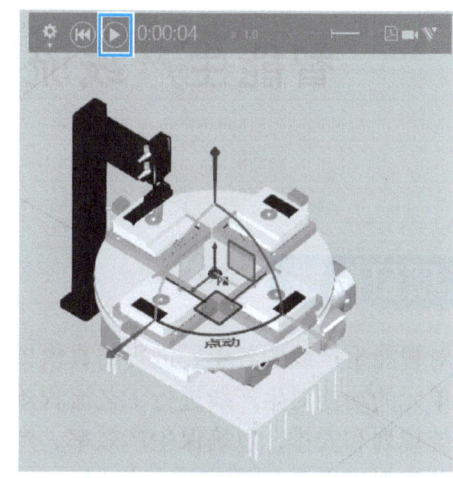

图6-19 仿真测试转盘动作

评价反馈

在任务完成后需对学生的实施情况进行评价,包括自评、互评和师评三方面,评价表见表6-4。

表6-4 评价表

类别	评价内容	分值	评价分数		
			自评	互评	师评
理论	了解实体的设置方法	10			
	了解智能仓储单元的工作流程	10			
	了解动作脚本的原理	10			
技能	能够正确设置工件属性	20			
	能够完成分度转盘实体添加	20			
	能够完成分度转盘动作编程与仿真	20			
素养	培养精益求精的精神	4			
	养成耐心与细心的工作习惯	3			
	培养严谨、认真、逻辑清晰的科学态度	3			

项目 7
智能生产线流程规划与场景拓展

项目概述

对智能生产线的各单元进行仿真模拟后,已大致了解各单元的基本工作流程,可以根据各单元的功能对生产线进行工艺流程规划。工艺流程规划是对生产过程中的各个环节进行系统规划和安排,以确保生产效率、产品质量和成本控制。

首先对产品装配顺序进行规划,产品装配顺序是指产品组装过程中零部件的安装顺序,它直接影响到装配效率和质量。为了提高装配效率,需要根据产品的结构特点和零部件之间的依赖关系,确定合理的装配顺序。通常情况下,可以采用逐步装配的方式,先完成产品的主要模块组装,再进行细节部件的安装,最后进行整体调试和检验。然后提出线平衡建议,线平衡是指在流水线生产中,使得各个工位的工作负载相对均衡,以最大限度地提高生产效率。通过对产品装配过程中各个工序的时间和工作内容进行分析,可以确定各工序的标准工时,并据此设计流水线的布局和工位安排,使得各工位的工作负载均衡,并尽可能减少非价值增加的动作,从而提高生产效率。最后优化生产线布局,生产线布局涉及生产线内各个工序的布局和设备摆放。

合理的工艺排布可以使生产过程更加紧凑和高效,减少物料和人员之间的搬运距离,缩短生产周期。在工厂内部,可以根据生产流程和设备的使用频率,将设备和工位进行布局,形成合理的生产线,提高生产效率。

知识图谱

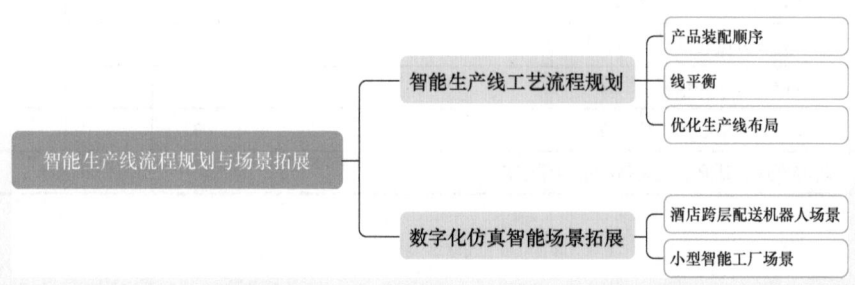

项目 7　智能生产线流程规划与场景拓展

任务 7.1　智能生产线工艺流程规划

学习目标

1. 知识目标

1）了解产品装配顺序。
2）了解线平衡原理。
3）了解优化布局原理。

2. 技能目标

1）能够对产品进行生产装配顺序规划。
2）能够提出线平衡建议。
3）能够正确地优化生产线布局。

3. 素养目标

1）培养科技创新精神。
2）养成耐心与细心的工作习惯。
3）培养独立思考的能力。
4）培养严谨、认真、逻辑清晰的科学态度。

任务描述

掌握关于产品装配顺序、线平衡原理以及优化布局原理等方面的知识；了解产品装配的顺序规划，包括理解不同零部件的装配顺序和流程；学习线平衡的原理，包括如何合理分配工作站和任务，以确保生产线的平衡和效率；了解优化布局的原理，包括如何设计合理的工厂布局以最大化生产效率和空间利用率。

工作方案

1. 任务分析

1）对产品进行生产装配顺序规划。
2）提出线平衡建议。
3）正确地优化生产线布局。

2. 制定工作计划

根据任务分析，制定出工作计划并填入表 7-1 中。

表 7-1　工作计划

步骤	工作内容	时间
1		
2		
3		
4		

引导问题

1）什么是线平衡？
_____
_____
_____

2）优化生产线布局需要考虑哪些因素？
_____
_____
_____
_____

任务实施

一、产品装配顺序

产品装配顺序是指在制造过程中，根据产品设计图样和工艺要求确定的零部件组装顺序。一个合理的产品装配顺序能够有效提高生产效率、降低成本，并确保产品质量达到标准。首先，根据产品的设计图样和技术要求，对产品结构进行分析，了解各个零部件之间的装配关系和依赖性。通过分析产品结构，确定哪些零部件是首先需要安装的，哪些是后续才能加入的。其次，将整个装配过程分解为若干个阶段或步骤，每个阶段包含一系列相关的装配任务，便于组织和管理。可以按照产品的功能模块或装配难易程度来划分装配阶段，确保每个阶段的任务清晰明了。然后，确定主要的装配顺序。通常情况下，会从组装产品的基本框架或主体结构开始，然后逐步添加细节部件，直至完成整体组装。在确定装配顺序时，需要考虑零部件之间的装配依赖关系，确保各个零部件能够按照正确的顺序被安装到指定位置。同时优化装配路径，通过合理布局工作区域中必要的辅助工具和设备，可以减少零部件的搬运次数和距离，提高装配效率。最后，持续改进产品装配顺序。随着生产实践和技术的不断积累，可能需要对装配顺序进行调整和优化，以适应不断变化的生产需求和提高生产效率。产品装配顺序流程图如图 7-1 所示。

根据以上步骤，制定出一个科学合理的产品装配顺序将有助于提高生产效率、降低生产成本,并确保产品质量稳定,从而提升企业的市场竞争力。

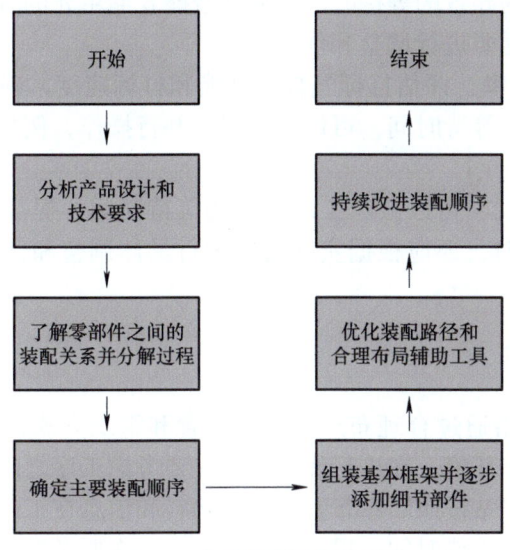

图 7-1　产品装配顺序流程图

二、线平衡

线平衡是指在生产过程中通过合理分配工作任务和资源,使得生产线上各工序之间的工作负荷相对均衡,以达到最佳的生产效率和质量。要实现线平衡,首先需要对整个生产流程进行深入分析,了解每个工序所需时间、人力资源和设备资源等情况;其次需要确定生产节拍,即每个工序需要完成的时间,以确保生产线整体生产速度与产品需求相匹配。

在识别到生产线上的瓶颈工序后,可以通过合理安排工作任务和资源来平衡工序,尤其是要确保瓶颈工序的产能能够与其他工序保持协调。调整工作人员数量、优化工作流程、提高设备利用率等方法都可以帮助实现线平衡。此外,减少工作任务的交接次数、优化工作站布局、有效管理物料和信息流动,也是实现线平衡的重要措施。

持续改进也是线平衡的关键。定期评估生产线的平衡情况,及时发现问题并采取措施进行调整和优化,以适应市场需求的变化和提高生产效率。通过不断优化线平衡,企业可以降低生产成本、提高生产效率、增强市场竞争力,从而实现可持续发展。

针对智能生产线的产品装配流程,可以给出以下线平衡建议。

1)引入并行操作,减少工序间的等待时间,在机械臂更换吸盘夹具和工件从仓库取出并放置在 RFID 检测单元期间,可以考虑在机械臂更换夹具的同时进行 RFID 检测。这样可以减少工序之间的等待时间,提高生产效率。

2)优化龙门单元料仓处的操作,确保龙门吸盘模块能够快速而准确地将工件从料仓处吸取到传送带的初始位置。评估吸盘模块的性能和吸取速度,确保其满足生产需求,并根据需要进行调整和优化。

3)平衡传送带的运输速度和检测模块的处理速度,传送带的速度应与视觉检测、距离检测和金属检测模块的处理速度相匹配,以避免过快或过慢导致的等待现象。确保传送带的速度能够使工件顺利通过各个检测模块,同时保证检测的准确性。

4)优化智能仓储单元操作,确保机械臂能够快速、准确地将工件吸取至智能仓储单元,避免因为操作不顺畅导致的等待时间。评估智能仓储单元的容量和布局,确保其能够满足生产需求,并根据需要进行调整和优化。

5)提高打标操作效率,评估打标气缸的性能和打标速度,确保打标操作能够快速完成。如果打标过程中存在等待时间,可以考虑引入并行操作,例如在打标同时进行其他非关键操作。

通过以上线平衡建议,可以减少工序之间的等待时间,提高生产效率,确保整个装配流程的顺畅进行。同时,还应根据实际情况进行具体调整和优化,以适应生产需求的变化。

三、优化生产线布局

优化生产线布局是指通过合理布局工作站位置和组织方式,最大限度地提高生产效率、降低成本并改善工作环境。在进行优化时首先要考虑工序之间的流程依赖关系。根据产品的加工流程,将工作站按照顺序布置,确保物料和信息在工序之间顺畅流动。这样可以减少物料的搬运时间和等待时间,提高生产效率。其次要考虑工作站之间的距离和空间利用率。合理安排工作站的位置,使员工能方便地移动和操作,并且避免不必要的物料运输。同时,要充分利用空间,确保每个工作站都有足够的面积和储存空间,以提高工作效率。另外,需要考虑人机工程学原则。工作站的设计应符合员工的身体结构和工作习惯,以提高工作的舒适性和效率。工作台台面的高度、角度和工具的摆放位置都需要根据员工的需求进行调整,以使操作更加便捷和高效。同时,安全也是优化工作站布局的重要考虑因素。工作站之间应保持足够的安全距离,防止事故发生,并设置必要的安全设施和紧急疏散通道。员工在工作站上应有良好的视野和操作空间,以避免意外和伤害的发生。最后,持续改进也是优化工作站布局的关键。定期收集员工的反馈意见和建议,观察生产线的运行情况,并根据需要进行调整和改进。持续改进可以不断优化工作站布局,提高生产效率和员工满意度。

针对产品装配流程和线平衡,可提出优化生产线布局的建议。首先考虑优化工序间距离,尽量缩短各工序之间的距离,以减少物料和半成品在生产线上的运输时间。这有助于降低生产周期和能耗,提高生产效率。其次考虑流程布局紧凑,尽量紧凑安排各个工序之间的距离,以减少物料搬运和运输时间。例如,可以紧凑安排RFID检测单元、龙门单元料仓、传送带和智能仓储单元的位置,使得机械臂的移动距离最小化。再次考虑人机协作,在布局中充分考虑人机协作,以使操作人员方便地观察和操作装配流程,提高操作效率和安全性。然后考虑空间利用,设计灵活的空间,以适应不同规格和尺寸的工件,同时确保设备之间的距离和操作空间能够满足实际需求。最后考虑未来扩展,考虑生产线未来的扩展需求,留出足够的余地以容纳新的设备或工序,如CNC(计算机数控)加工工序避免因为扩展产品而需要重新规划布局。

通过以上优化生产线布局的建议,可以使得装配流程更加紧凑,通过合理的位置安排、空间利用、人机工程学原则和安全考虑,以及持续改进,可以实现生产效率的提升和工作环境的改善。

项目 7　智能生产线流程规划与场景拓展

评价反馈

在任务完成后需对学生的实施情况进行评价，包括自评、互评和师评三方面，评价表见表 7-2。

表 7-2　评价表

类别	评价内容	分值	评价分数		
			自评	互评	师评
理论	了解产品装配顺序	10			
	了解线平衡原理	10			
	了解优化布局原理	10			
技能	能够对产品进行生产装配顺序规划	20			
	能够提出线平衡建议	20			
	能够正确地优化生产线布局	20			
素养	培养科技创新精神	3			
	养成耐心与细心的工作习惯	3			
	培养独立思考的能力	2			
	培养严谨、认真、逻辑清晰的科学态度	2			

任务 7.2　数字化仿真智能场景拓展

学习目标

1. 知识目标

1）了解酒店跨层配送机器人场景。
2）了解小型智能工厂场景。
3）了解场景优化流程。

2. 技能目标

1）能够正确了解场景需求。
2）能够针对场景规划动作流程。
3）能够正确进行动作流程优化。

3. 素养目标

1）培养创新精神和探索精神。
2）培养精益求精的精神。
3）养成耐心与细心的工作习惯。

 任务描述

掌握关于酒店跨层配送机器人场景、小型智能工厂场景以及场景优化流程等方面的知识；了解智能化场景需求，学习场景优化的流程，包括如何识别和分析场景需求，并针对性地规划动作流程，以及如何对动作流程进行优化，提高效率和性能。

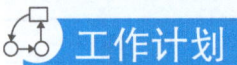 工作计划

1. 任务分析

1）了解场景需求。
2）针对场景规划动作流程。
3）优化动作流程。

2. 制定工作计划

根据任务分析，制定出工作计划并填入表 7-3 中。

表 7-3 工作计划

步骤	工作内容	时间
1		
2		
3		
4		

引导问题

1）请简述酒店跨层配送机器人的场景需求。
___
___
___

2）请简述小型智能化工厂的场景需求。
___
___
___

3）场景路线优化需要考虑什么因素？
___
___
___

项目 7　智能生产线流程规划与场景拓展

一、酒店跨层配送机器人场景

在当今快速发展的酒店业中，提高服务效率和客户满意度成为至关重要的任务。酒店跨层配送机器人作为一项革命性的技术应用，其在酒店服务体系中扮演着极其重要的角色。在此介绍酒店跨层配送机器人场景的基本概念，包括其工作环境、主要功能及其在酒店行业中的创新应用。

1. 场景概述

一个典型的多层次酒店环境由多个楼层、众多房间、服务区域、前台接待区、餐饮区以及其他公共空间组成。在这样一个复杂多变的环境中，传统的人工服务方式在效率和成本上面临诸多挑战。酒店跨层配送机器人的引入，旨在通过自动化技术解决这一问题，无论是客户的生活用品、餐饮服务还是紧急物资，它都能提供快速、准确且高效的物品配送服务。酒店跨层配送机器人具备高度自动化和智能化的特性，能够在不同的楼层之间自由穿梭，准确地完成从物品接收、运输到送达的全过程。它们通过先进的导航技术，如激光雷达、视觉识别系统等，来实现对酒店内部环境的精确识别和自主定位，有效避免障碍物，确保送达路径的最优化和安全性。此外，酒店跨层配送机器人还可以通过无线网络与酒店管理系统实时通信，接收任务指派、更新配送状态，以及处理突发状况，如电梯调度等，确保服务的连续性和高效性。

2. 需求分析

在构建酒店跨层配送机器人系统时，准确的需求分析是确保项目成功的关键。这一过程涉及识别和定义机器人系统所需满足的核心功能和性能指标，以及预期解决的具体问题。在酒店跨层配送场景中，机器人系统的需求分析包括对速度、安全性、可靠性和客户体验等方面。

首先，速度是衡量机器人效率的一个关键因素。在快节奏的酒店环境中，迅速响应客户需求，尤其是生活用品和紧急物品配送，对于提升客户满意度至关重要。因此，机器人需要在最短的时间内完成物品送达的整个过程，这就需要其具有高效的路径规划和快速的物品处理能力。

其次，安全性是设计机器人时的另一个重要考虑因素。机器人在酒店内移动时必须能够可靠地避开障碍物，包括人群、宠物和其他未预见的障碍，以确保既不损害自身也不对人类和环境造成伤害。此外，机器人还需具备在紧急情况下能够自主做出反应的能力，如遇到火灾或其他安全威胁时，能够自动返回充电站或安全区域。

然后，可靠性也是需求分析中不可或缺的一部分。这意味着机器人系统必须能够在酒店的各种环境条件下稳定工作，包括不同的楼层、不同的光照条件和各种天气情况。此外，机器人系统需要有高度的故障容忍能力，即使在部分系统出现故障时，也能继续完成配送任务或安全地返回维修站。

最后，客户体验是机器人系统需求分析中的另一关键要素。这不仅包括机器人配送的速度和准确性，也包括客户与机器人交互的便捷性。例如，客户应能通过酒店的 APP（应用）或房间内的智能设备轻松下达配送请求，并实时跟踪配送状态。机器人的外观设计和交互界面也应友好、易于使用，以增强客户的使用体验和满意度。

需求分析能够确保机器人系统满足酒店运营的核心需求，同时提升客户体验。通过对速度、安全性、可靠性和客户体验等关键因素的综合考虑，可以为构建一个高效、安全、可靠且友好的机器人系统奠定坚实的基础。

3. 流程规划

如图 7-2 所示，规划一个酒店跨层配送机器人场景，目标是设计一个系统，使机器人能够高效、安全地完成从前台到客户房间的配送任务。首先客户通过酒店的手机应用或房间内的智能设备下单，选择希望订购的生活用品。订单信息被发送到前台配送中心（图中 1 号位置）及配送系统。前台配送中心收到订单后，开始准备货品。准备完成后，前台将货品安置在专为机器人设计的配送盒

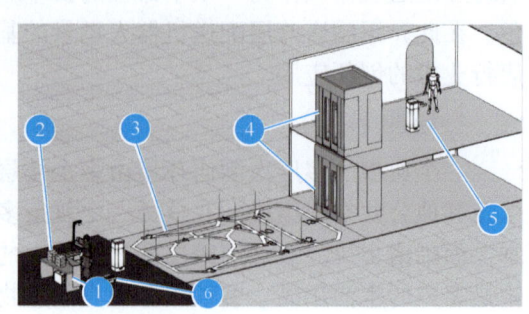

图 7-2　酒店跨层配送场景

中（图中 2 号位置），并输入目的房间号，将配送盒放置于指定的机器人配送点。配送系统接收到配送请求后，自动分析并选择最近的、当前没有执行任务的机器人。选定的机器人被分配到该配送任务，并获得客户房间的位置信息。接下来机器人进行路径规划（图中 3 号位置），机器人使用内置地图和实时位置信息计算到目的地的最优路径。考虑因素包括距离、人流密度、电梯使用情况等。若遇到障碍物或临时封闭区域，机器人将实时调整路径。机器人启动后沿规划路径移动，利用传感器和摄像头监测周围环境，以避开障碍物。在订单越层时使用电梯（图中 4 号位置），机器人能与电梯的自动调度系统通信，请求电梯服务。到达指定房间门前，机器人通过内置的通信系统通知客户取货（图中 5 号位置）。客户通过房卡或密码等身份验证后，机器人开启配送盒，允许客户取货。完成配送后，机器人更新任务状态为完成，并自动规划返回路径，准备执行下一个任务或返回充电站（图中 6 号位置）。如果遇到无法继续执行任务的情况，机器人将发送警报至监控中心，请求人工干预。

通过这个详细的流程规划，酒店可以实现高效、自动化的跨层配送服务，提高客户满意度，同时减轻人力资源的压力。此流程规划还可以根据具体的应用场景和技术更新进行调整和优化。

4. 流程优化

在酒店跨层配送机器人的场景流程规划中，流程优化是确保配送效率和客户满意度的关键环节。流程优化旨在通过技术和策略的创新，提高机器人配送的速度、准确性和安全性，同时降低运营成本。

首先考虑动态路径规划。考虑到酒店环境的复杂性和变化性，实现动态路径规划对于提高配送效率至关重要。系统需要实时收集和分析环境数据，如人流密度、电梯状态等，以动态调整机器人的行进路线。利用机器学习算法，机器人可以预测并规避可能的障碍和延迟，从而选择最快的配送路径。

其次是任务调度算法优化。任务调度的高效性直接影响到配送任务的完成速度和服务质量。通过优化任务调度算法，如考虑机器人当前位置、任务紧急程度、预计配送时间等因素，系统可以更合理地分配任务给适合的机器人，避免资源的浪费和配送的延迟。此外，算法还需处理突发情况，如紧急任务的插入和机器人故障的应对。

然后可对电梯调度进行协同，在多层酒店环境中，电梯的有效利用是提高跨层配送效率的关键。与电梯系统的协同调度可以大大减少机器人在等待电梯时的时间损失。通过建立机器人与电梯调度系统之间的通信协议，机器人可在途经电梯时提前发送调度请求，电梯系统根据当前的使用情况优先安排机器人使用，从而优化配送流程。

最后引入机器人间协作机制，可以进一步提高配送效率和系统的灵活性。在复杂或高峰时段的配送任务中，通过机器人之间的信息共享和任务协调，可以有效分担单个机器人的工作负载，快速完成任务。例如，一个机器人负责从前台取货，另一个机器人则从中途接手配送任务，减少等待和行进时间。

流程优化是提高酒店跨层配送机器人效率和客户满意度的关键。通过在动态路径规划、任务调度算法、电梯调度协同、机器人间协作及客户交互等方面进行创新和优化，可以显著提升配送服务的性能，为酒店及其客户带来更大的价值。

二、小型智能工厂场景

小型智能工厂的流程规划旨在通过高度自动化和智能化的技术实现生产效率的最大化、成本的最小化以及提高响应市场需求的灵活性。

1. 场景概述

在当今的制造业竞争中，小型智能工厂代表了一种革新的生产模式，它通过高度自动化和信息化，实现了生产过程的灵活性、高效性和可持续性。这种工厂通常占地面积较小，但通过借助先进的技术，如物联网、人工智能、机器人技术以及大数据分析，能够以更高的效率和更低的成本生产高质量的产品。

小型智能工厂的核心在于其高度数字化和智能化。生产设备和系统通过网络连接，实时收集和交换数据。这些数据不仅用于监控生产过程，确保设备运行的最优化，还能够通过预测性维护减少停机时间，以及根据市场实时反馈调整生产计划。此外，通过使用自动化机器人和自动化生产线，这些工厂能够减少对人力的依赖，提高生产效率和灵活性，同时减少人为错误，提高产品质量。小型智能工厂还有一个显著特点是其对客户需求的快速响应能力。利用先进的数据分析工具，工厂能够实时监控市场趋势和客户需求，快速调整产品设计和生产计划，实现个性化和定制化生产。这种生产方式不仅可以满足消费者对产品多样性和个性化的需求，也能够帮助企业更好地适应市场变化，提高市场竞争力。

小型智能工厂通过集成先进的技术和智能化管理，实现了生产过程的自动化、灵活化和智能化，为制造业的未来发展提供了新的思路和方向。

2. 需求分析

在小型智能工厂的流程规划中，需求分析是基础且至关重要的步骤。它涉及对市场需求、生产能力、技术创新及资源配置等多方面的综合考量。

首先，通过对市场趋势和目标客户群的深入研究，工厂能够确定生产哪些产品最能满足市场需求,以及预测未来的需求变化。需求分析不仅包括产品的种类和数量,还包括对产品质量、成本和交付时间的要求。

其次,需求分析还需考虑工厂的生产能力和技术水平。这包括评估现有的生产线、机器设备的性能和灵活性,以及员工的技能和培训需求。了解这些信息有助于工厂确定是否需要投资新技术、改进生产流程或增加人力资源来满足市场需求。

此外,通过生产计划和市场需求,合理配置人力资源、原材料、资金等关键资源。小型智能工厂必须确保原材料的质量、供应的稳定性及成本效率,以免影响生产计划和产品质量。同时,通过优化供应链管理,工厂可以降低库存成本,提高响应市场变化的能力。

最后,生产计划的制定包括对数据的精确收集和分析,以及对市场动态的敏感捕捉,通过综合分析以上各方面的信息,小型智能工厂可以制定出符合市场需求、技术可行且效益高的生产计划。

3. 流程规划

如图 7-3 所示,首先物料进入储存区(图中 1 号区域),通过自动化搬运系统将检验合格的半成品原材料运输至半成品储存区。半成品原材料按类型和用途分类存放在立体仓库(图中 2 号区域)中。原材料从半成品仓库转移到组装台(图中 3 号区域),进行必要的人工装配工作。完成组装的零部件由机械臂搬运至传送带。组装完成的产品进入质量检验台(图中 4 号区域),运用视觉传感器进行检查,确保每个产品都达到标准。通过视觉检测的产品移至成品仓库(图中 5 号区

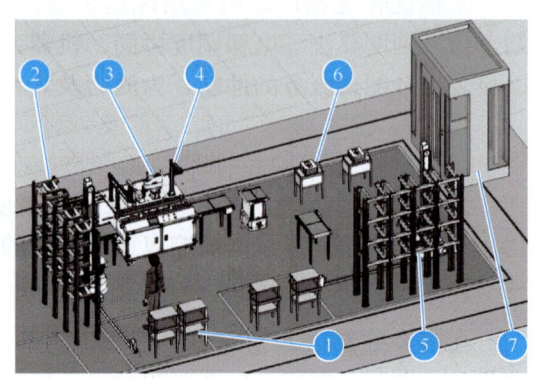

图 7-3 小型智能工厂场景

域)等待发货。等待客户下单后,机械臂将产品搬运至 AGV(自动导引车),AGV 根据订单地址将产品运送至出货区(图中 6 号区域)。根据订单调度,AGV 把产品从特定出货区装载至货梯(图中 7 号区域),货梯送达指定楼层。

整个流程通过自动化和智能化设备高效连接,确保小型智能工厂运转顺畅,同时减少了人工干预,提升了生产效率和产品质量。通过实时数据采集与分析,工厂管理者能够持续优化生产过程,及时响应市场变化。

4. 流程优化

在上述小型智能工厂流程中,优化的目标是减少时间延误,提高资源使用效率,并确保产品质量,可通过以下几个策略进行流程优化。

1)集成物流系统。将储存、搬运、组装和发货整合到一个统一的物流系统中,确保各环节无缝对接,减少等待和转运时间。

2)实时库存管理。使用高级的库存管理系统,实时跟踪原材料和半成品的存量,确保生产线平衡,避免过剩或缺货情况。

3)自动化调度系统。利用智能调度系统为机械臂和 AGV 规划最优路径,减少机器之间的等待和冲突,提高搬运效率。

4）货梯调度优化。实现智能化货梯调度，优化货梯运行时刻表，减少产品在货梯等待的时间。

通过上述优化措施，工厂的整体效率和生产能力将得到显著提升，每个流程的时间将被压缩，资源利用将得到最大化，产品的质量也将得到保证。此外，对于不断变化的市场需求和订单量，智能化的生产和物流系统能够提供足够的灵活性，以实现快速适应和调整。

评价反馈

在任务完成后需对学生的实施情况进行评价，包括自评、互评和师评三方面，评价表见表 7-4。

表 7-4 评价表

类别	评价内容	分值	评价分数		
			自评	互评	师评
理论	了解酒店跨层配送机器人场景	10			
	了解小型智能工厂场景	10			
	了解场景优化流程	10			
技能	能够正确了解场景需求	20			
	能够针对场景规划动作流程	20			
	能够正确进行动作流程优化	20			
素养	培养创新精神和探索精神	4			
	培养精益求解的精神	3			
	养成耐心与细心的工作习惯	3			

参考文献

[1] 王寒里，朱秀丽. 工业仿真软件 MIoT.VC 培训教程：基础篇 [M]. 北京：机械工业出版社，2023.

[2] 朱秀丽，李成伟，刘培超. 智能制造生产线装调与维护 [M]. 北京：机械工业出版社，2023.